编委会

国家高技能人才
培训教程

焊接加工
一体化实训教程

HANJIE JIAGONG

YITIHUA SHIXUN JIAOCHENG

主　编　廖太刚

副主编　李云海　周开明　马绍荣

云南大学出版社
YUNNAN UNIVERSITY PRESS

图书在版编目（CIP）数据

焊接加工一体化实训教程 / 廖太刚主编 . —— 昆明：
云南大学出版社 , 2020
　　国家高技能人才培训教程
　　ISBN 978-7-5482-4146-1

　　Ⅰ . ①焊… Ⅱ . ①廖… Ⅲ . ①焊接工艺—高等职业教
育—教材 Ⅳ . ① TG44

中国版本图书馆 CIP 数据核字 (2020) 第 192395 号

策　　划：朱　军　孙吟峰
责任编辑：蔡小旭
装帧设计：王婳一

国家高技能人才培训教程

焊接加工
一体化实训教程

主　编　廖太刚
副主编　李云海　周开明　马绍荣

出版发行：云南大学出版社
印　　装：昆明理煋印务有限公司
开　　本：787mm×1092mm　1/16
印　　张：17
字　　数：390 千
版　　次：2020 年 11 月第 1 版
印　　次：2020 年 11 月第 1 次印刷
书　　号：ISBN 978-7-5482-4146-1
定　　价：55.00 元

社　　址：云南省昆明市翠湖北路 2 号云南大学英华园内（650091）
电　　话：（0871）65033307　65033244
网　　址：http://www.ynup.com
E - mail：market@ynup.com

若发现本书有印装质量问题，请与印厂联系调换，联系电话：0871-64167045。

前　言

　　根据《国家中长期教育和发展规划纲要（2010—2020 年）》、《关于扩大技工院校一体化课程教学改革试点工作的通知》（人社职司便函〔2012〕8 号）、《技工院校一体化课程教学改革试点工作方案》（人社厅发〔2009〕86 号）、《关于大力推进技工院校改革发展的意见》（人社部发〔2010〕57 号）精神，围绕国家新型工业化和地方产业结构调整对技能人才的要求，"坚持"市场引导就业、就业指导办学、品牌稳定规模、办学服务社会的办学方针，遵循校企双制、工学一体、多元办学、特色立校"的办学理念，我校加大了教学改革力度，建立以职业活动为导向、以校企合作为基础、以综合职业能力培养为核心，理论教学与技能操作融合贯通的课程体系，提高技能人才培养质量。以国家"示范校"建设为推动，深化技工教育人才培养模式改革，加快"工学一体"的内涵建设，加快一体化师资队伍建设，加快校内外一体化实习基地建设，加快高水平示范性国家级技师学院建设，为经济发展、科技创新、社会进步作出新贡献。为了更好地适应技工院校教学改革的发展要求，我们集中了长期从事教学一线的焊接实习指导教师、焊接一体化教师和焊接行业专家，历经两年多编写了《焊接加工一体化实训教程》。

　　在本次编写过程中，我们在编写委员会的指导下，积极开展讨论，认真总结教学和实践工作中的宝贵经验，听取了焊接行业专家的意见和建议，进行了职业能力分析，以国家职业标准为依据，以综合职业能力培养为目标，以典型工作任务为载体，以学生为中心进行编写，根据典型工作任务和工作过程设计课程体系和内容，按照工作过程和学生自主学习的要求设计教学并安排教学活动，实现理论教学与实践教学融通合一、能力培养与工作岗位对接合一、实习实训与顶岗工作学做合一，真正做到了"教、学、做"融为一体。

编　者
2020 年 5 月

目 录

学习任务一　认识焊接、参观车间

◇学习目标◇

1. 能正确了解焊接的意义和用途。
2. 能叙述焊接的定义及其应用场合。
3. 能熟识焊接操作的安全规范。
4. 能按照国家标准《焊接与切割安全》检查场地安全，准备工量具、材料及设备。
5. 能进行作业计划与切割工艺的制定。
6. 能正确认识"7S"管理的意义及要求。
7. 能依据"7S"标准，清理、清扫工作现场，整理工作区域的设备、工具，正确回收和处理边角料。

◇建议课时◇

18学时。

◇学习任务描述◇

今天是我们第一天到焊接车间实习，为使大家对焊接有一个准确的认识和把握，我们先在教室对相关安全理论知识做讲解，然后再到车间进行参观、设备的讲解等。

◇工作流程与活动◇

学习活动1　焊接概述及相关安全知识培训（6学时）
学习活动2　焊接车间参观（6学时）
学习活动3　焊接车间"7S"管理（2学时）
学习活动4　工作总结与焊接车间评价（4学时）

学习活动 1　焊接概述及相关安全知识培训

◇学习目标◇

1. 能正确认识焊接机焊接专业，明确焊接专业学习的内容及要求。
2. 能掌握焊接专业操作的相关安全知识，做到遵守安全操作规范，敬畏安全事故。
3. 能严格按照焊接安全操作规范完成任务。

建议学时：6 学时。

◇学习过程◇

一、焊接概述

焊接技术是现代工业生产中的一项重要加工工艺。随着现代制造业和加工业的发展，焊接技术在工业、农业、航天航空、国防等方面的应用日益广泛，在生产制造过程中所起的作用也越来越大。

在金属结构和机械的制造中，经常需要将两个或两个以上的零件连接在一起。连接的方式有两种：一种是机械连接，可以拆卸，如螺栓连接、键连接等；另一种是永久连接，不能拆卸，如铆接、焊接等。如图 1-1-1 所示。

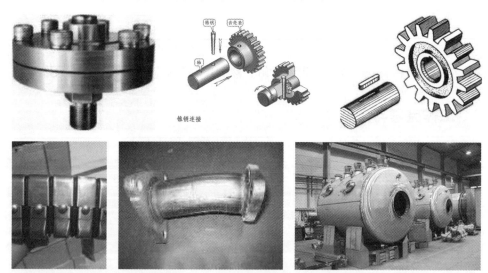

图 1-1-1

过去金属构件的连接主要采用铆接工艺。今天，随着焊接技术的迅速发展及应用，焊接已成为金属构件的主要加工方法之一，取代了铆接。其根本原因是焊接比铆接具有显著的优点，它具有节省材料、减轻结构重量、简化加工与装配工序、接头致密性好、能承受高压、容易实现机械化和自动化生产、提高生产率和质量、改善劳动条件等一系列特点。

焊接不仅可以连接金属材料，也可以实现某些非金属材料的永久性连接，如玻璃焊接、塑料焊接、陶瓷焊接等。工业中焊接主要用于金属。

二、作业布置

1. 我们为什么要学习安全知识？

2. 电焊工预防触电的注意事项是什么？

三、小结

电焊工用的试电、气体及有时会用到的易燃液体，焊接过程中都会产生火花，都是明火，极易产生火灾、爆炸、触电、灼伤、中毒等事故。给国家财产造成经济损失，而且直接影响焊工及其他工作人员的人身安全。只有时刻注意安全，时刻提醒自己，积极采取措施进行防范，才能学好电焊这门技术，才能为国家经济建设服务。

在操作时注意指导教师的讲解和要求，服从指挥，听从安排，自己没有学过的设备和工具不要随便乱动；设备出现问题时要及时向指导教师汇报，未修复前听从指导教师的安排。

学习活动 2　焊接车间参观

◇学习目标◇

1. 能按要求穿戴工装，女生佩戴好帽子，不符合着装要求的同学不能进车间。
2. 能按照国家标准《焊接与切割安全》（GB9448—1998）检查场地。
3. 能根据教师讲解，合理制定学习计划。

建议学时：6 学时。

◇学习过程◇

一、氧–乙炔火焰切割设备、工具的认识与使用安全

如表 1–2–1 所示，写出火焰切割主要设备及工具的名称、用途（可通过网络查找）。

表 1–2–1　火焰切割主要设备

设备、工具			
名称			
用途			
设备、工具			
名称			
用途			

续表

设备、工具			
名称			
用途			
设备、工具			
名称			
用途			
设备、工具			
名称			
用途			
设备、工具			
名称			
用途			

续表

设备、工具			
名称			
用途			

二、作业

1. 通过参观车间，你觉得车间有哪些要改进的地方？给出你的建议。

_____

_____

_____

2. 在工厂和一些地方你可能和看到以下标志，说出它们表示什么。

（1）　　　　（2）　　　　（3）　　　　（4）　　　　（5）

（6）　　　　（7）　　　　（8）　　　　（9）　　　　（10）

（1）_____

（2）_____

（3）_____

（4）_____

（5）＿＿＿＿＿＿＿＿＿＿＿＿＿＿＿＿＿＿＿＿＿＿＿＿＿＿＿＿＿＿＿

（6）＿＿＿＿＿＿＿＿＿＿＿＿＿＿＿＿＿＿＿＿＿＿＿＿＿＿＿＿＿＿＿

（7）＿＿＿＿＿＿＿＿＿＿＿＿＿＿＿＿＿＿＿＿＿＿＿＿＿＿＿＿＿＿＿

（8）＿＿＿＿＿＿＿＿＿＿＿＿＿＿＿＿＿＿＿＿＿＿＿＿＿＿＿＿＿＿＿

（9）＿＿＿＿＿＿＿＿＿＿＿＿＿＿＿＿＿＿＿＿＿＿＿＿＿＿＿＿＿＿＿

（10）＿＿＿＿＿＿＿＿＿＿＿＿＿＿＿＿＿＿＿＿＿＿＿＿＿＿＿＿＿＿

3．撰写实习决心书。

学习活动 3　焊接车间"7S"管理

◇学习目标◇

1. 能按要规范工作流程、规范着装、规范行为习惯，养成良好的职业素养。
2. 能按照具体工作任务要求，完成"7S"管理的各项规章制度。
3. 能根据"7S"管理要求，合理制订学习计划。

建议学时：2 学时

◇学习过程◇

一、实习安全注意事项及整体要求

（一）实习着装要求

1. 实习时必须着工装进入车间。
2. 禁止围围巾、带首饰进入车间。
3. 禁止穿拖鞋、凉鞋、高跟鞋进入车间。
4. 女生进入车间需盘好头发，戴好帽子。
5. 做到三好（即袖口扎好、纽扣扣好、拉链拉好）。

（二）实习纪律要求

1. 严格遵守纪律，遵从指导教师的安排，严禁私自乱动设备。
2. 严禁在车间大声喧哗、追逐打闹，不得做与实习无关的事情。
3. 严禁出现迟到、早退现象，进入车间禁止使用手机做无关事情。
4. 严禁带早点及零食进入车间。
5. 实习期间原则上不允许离开自己的工位，有特殊情况需离开要向老师报告。

（三）实习卫生要求

1. 严禁乱丢垃圾，随地吐痰。
2. 严禁在墙壁上乱涂乱画。
3. 实习结束后应认真清扫自己的工位，值日生要认真打扫车间卫生。
4. 垃圾应分类摆放。

二、"7S"管理的内容

（一）整理

对实训车间内摆放的各种物品进行分类，把与生产实训无关的物品进行清除；按照要求，把与生产实训有关的物品进行规范摆放。达到实训车间无不用之物。

整理的目的：增加实训车间作业面积，使物流畅通，防止误用等。

实施标准：

1. 原材料、半成品、成品与垃圾、废料、余料等要加以区分，按照规定位置摆放。

2. 实训车间内不得随意摆放任何物品（包括私人物品），摆放物品前要先进行分类，按照规定位置摆放整齐。

3. 要正确使用工具箱、工具柜，并做到定期清理。

4. 每天要认真清理工作桌面、置物架、工具架、抽屉等。

（二）整顿

把实训车间内的工、量具，物品等按照规定位置摆放，并有明确标识，达到标准化放置要求，工、量具，物品等使用过后要及时归位。在有效的规章、制度和最简捷的流程下完成实训操作。

整顿的目的是：使实训车间整洁，物品一目了然，减少工、量具，物品等取放时间，提高工作效率，保持的工作秩序井井有条。

实施标准：

1. 工具架，工、量具，实训设备及仪器等按照要求规范放置。

2. 消耗用品，如手套、抹布、扫把、拖把等按照要求规范放置。

3. 毛胚料、加工材料、待检材料、半成品，成品灯堆放整齐，并进行明显标识。

4. 零件、零件箱等按照要求规范放置，并且摆放整齐。

5. 实训车间通道（走道）要保持畅通，且不得摆放任何物品。

6. 私人物品要按照要求统一放置，不得乱丢乱放。

7. 文件、资料及档案应及时分类，并整理归档。

（三）清扫

实训车间要保持干净整洁，做到无垃圾、无灰尘、无脏物、无异味，按照"谁使用，谁负责"的管理原则，每天认真清扫实训场所。

清扫的目的：创建一个干净整洁、舒适的实训环境。

实施标准：

1. 实训设备、工作台、工作桌、办公桌及门窗地板等每天要认真清扫、清洁。

2. 每天下课后要认真清扫使用过的设备、工作台、办公桌等，垃圾、纸屑等要及时清理出实训场地。

3. 工、量具，物品等在使用过后要认真清洁保养（如实训设备、平板、量具使用过后要用干净抹布擦拭并涂抹凡士林或润滑油）。

4. 在实训结束后，要及时清理加工工件的废料、余料，做到"谁使用，谁清洁、保洁"。

（四）清洁

整理、整顿、清扫清洁之后要认真维护，使现场保持在最佳状态。对其实施的做法予以标准化、制度化、持久化，使7S活动形成惯例和制度。

清洁活动的目的：使整理、整顿和清扫工作成为一种惯例和制度，是标准化的基础，也是实训车间文化的开始。

实施标准：

1. 制定实训车间上课班级值日表。

2. 定期擦拭窗户、门板、坡璃等。

3. 工作环境保持整洁、干净。

4. 设备、机台、工作桌、工作台以及办公桌等保持干净，无杂物，不得任意放置物品。

5. 长时放置（一周以上）的材料和设备等须须加盖防尘设施。

（五）素养

素养即教养，以人性为出发点，通过整理、整顿、清扫、清洁等合理化的改善活动，使同学们养成严格遵守规章制度的良好习惯和工作作风，永远保持适宜的行为，进而促进各成员素养的全面提升。

素养活动的目的：通过提升素养让同学们成为一个遵守规章制度，并具有一个良好工作习惯的人。

实施标准：

1. 严格遵守学校规章制度，遵守作息时间，按时出勤，不迟到早退。

2. 遵守实训课堂纪律，禁止在实训车间嬉戏打闹、玩手机、打瞌睡、吃东西等。

3. 不破坏工作现场的环境，如乱丢垃圾、任意摆放工具等，使用公物要保持物品清洁。

4. 下课后能及时打扫和整理工作现场。

5. 按照实训要求规定统一着工装，并保持仪表仪容。

6. 尊重师长、团结同学、待人做事有礼貌。

（六）安全

遵守实训纪律，提高安全意识，每时每刻都树立安全第一的观念，做到防患于未然。

安全活动的目的：保障同学们的人身安全，杜绝安全事故的发生。

实施标准：

1. 牢记各项安全操作规程，正确操作、使用各种机器设备和实训设备。

2. 隔离有害物、易燃易爆物品，并加以标识。

3. 定期检查消防设备和设施。并注意安全用电。

4. 全体同学按要求规定着装后，才能进入实训车间，禁止在实训车间内嬉戏打闹。

5. 不得将与实训无关物品带入实训车间。

6. 下课清洁完车间后要断电、关窗、关门，才能离开。

（七）节约

节约就是对时间、空间、能源等方面的合理利用，发挥它们的最大效能，从而创造一个高效率的、物尽其用的实训场所。

节约活动的目的：使同学们养成勤俭节约的良好习惯。

实施标准：

1. 节约使用各类物品，例如洗手液、零件和辅料等。

2. 节约使用水源、电源，下课后要断电断水。

3. 充分利用毛坯料及各类工、量具，以免造成浪费。

三、引导问题

1. 你在车间里看到了哪些安全标志？它们都表示什么含义？

2. 实习过程中的着装要求、纪律要求、卫生要求有哪些？

3. 通过安全知识及"7S"管理的学习，撰写学习体会。

学习活动 4 工作总结与评价

◇学习目标◇

1. 能正确按照要求，对比自己的所思、所想、所为，正确做好自我评价。

2. 能通过互评、小组评价等查找自身不足，并尽早改进自身不足，提升自我职业素养。

3. 能熟练掌握安全知识、"7S"要求等，为今后的学习打下良好的基础。

4. 能依据"7S"标准，清理、清扫工作现场，整理工作区域的设备、工具，正确回收和处理边角料。

建议学时：4 学时。

◇学习过程◇

1. 利用 2 节课进行自查、小组评价等，找出每位同学的不足点；通过一定时间的教育教学活动，观察每一位同学的改进情况，定期评出优秀进步同学。复习安全知识，准备考试。

2. 利用两节课进行，安全知识测试，以增强学生的安全意识。

通过上述安全知识的学习，进行下列安全知识测试。

一、选择题（每题 5 分，共计 50 分）

1. 电焊工是一个特殊工种，除取得技术等级证书外，须在从业前参加相关安全培训，参加（ ）考试且合格后方能上岗操作。

A. 安全　　　　　B. 操作　　　　　C. 理论　　　　　D. 鉴定

2. 下列那项在焊接操作中不会产生（ ）。

A. 有害气体　　　B. 毒气　　　　　C. 辐射　　　　　D. 高温

3. 当通过人体的电流为（ ）A 时，足以致人命。

A.0.01　　　　　B. 0.1　　　　　C. 1　　　　　　D. 10

4. 人体的安全电压一般为（ ）V。

A. 36　　　　　　B. 63　　　　　　C. 45　　　　　　D. 54

5. 目前国内生产的电焊机空载电压一般不大于（ ）V，应该注意防止触电。

A. 40　　　　　　B. 60　　　　　　C. 90　　　　　　D. 220

6. 电焊机的（ ）接线须由电工进行。

A．焊钳　　　　　B．焊件　　　　C．地线　　　　D．输入

7．遇到焊工触电应迅速（　　）。

A．拉人离开电源　B．送医院　　C．人工呼吸　　D．切断电源

8．焊接或切割时，工作地点离易燃、易爆物品的距离一般不少于（　　）米。

A．3　　　　　　B．4　　　　　　C．5　　　　　　D．6

9．在狭小的容器内工作时，容器内的通风应采用（　　）。

A．氧气　　　　　B．混合气体　　C．空气　　　　D．都可以

10．焊工工作时，最好穿（　　）色的帆布工作服，防止弧光灼伤皮肤。

A．白　　　　　　B．灰　　　　　　C．黑　　　　　　D．蓝

二、判断题（对的打 X，错的打√；每题 5 分，共计 50 分）

1．弧焊设备的外壳必须接地或接零，接线必须牢靠。　　　　（　　）

2．焊机的初级接线由焊工进行。　　　　　　　　　　　　　（　　）

3．焊机的次级接线由焊工进行。　　　　　　　　　　　　　（　　）

4．推拉闸刀时可不戴手套。　　　　　　　　　　　　　　　（　　）

5．推拉闸刀时面部应对着闸刀，以便看清是否到位。　　　　（　　）

6．中断工作时，焊钳的摆放位置不做规定。　　　　　　　　（　　）

7．焊工的工作服、手套、绝缘鞋应保持干燥。　　　　　　　（　　）

8．在容器内工作时必须有两人轮换操作，一人在外监护。　　　　（　　）

9．在野外潮湿地方工作时，由于无法绝缘，故无须强求工人防止静电。　（　　）

10．在光线较暗的地方工作时，照明灯的电压一般为 220V。　　　　（　　）

三、引导问题

通过上述安全知识的学习和测试，你觉得我们在学习和工作中还有哪些必须遵守的安全行为规范？

学习任务二　气割、气焊的应用

◇学习目标◇

1．能通过各种渠道查询并了解企业所用的气割、气焊设备。
2．了解气割、气焊设备的用途和应用场合。
3．了解焊炬和割炬的特点。
4．了解减压器的作用和特点。
5．能使用气割、气焊设备进行作业。
6．了解使用气焊、气割设备的注意事项。

◇建议课时◇

36 学时。

◇学习任务描述◇

学校购买了一批板材和管材，要求车间按照实习材料图纸将其加工成为本学期的车间实习材料，并用其中一些铁皮制作一些撮箕留在车间供打扫卫生时使用。加工时间为 7 天，加工完成并检验合格后交付材料室。

◇工作流程与活动◇

学习活动 1　接受工作任务、明确工作要求（4 学时）。
学习活动 2　确定加工步聚和方法（4 学时）。
学习活动 3　使用气割、气焊设备加工教学材料（24 学时）。
学习活动 4　工作总结与评价（4 学时）。

学习活动 1　接受工作任务、明确工作要求

◇学习目标◇

1. 能读懂生产任务单，明确加工任务。
2. 了解车间现有加工设备。
3. 能识读材料尺寸及技术要求，明确加工要求。
4. 了解气割、气焊设备。
5. 知道气割、气焊设备的用途。
6. 查找资料，了解气焊操作的优、缺点。

建议学时：4 学时。

◇学习过程◇

按照规定从生产主管处领取生产任务单并签字确认。完成如下项目。

1. 阅读生产任务单，明确工作任务。

实习材料加工任务单

单号：_____　　开单时间：_____年___月___日___时

开单部门：_____　　开单人：_____

接单人：_____部_____组　签名：_____

<table>
<tr><td colspan="5">以下由开单人填写</td></tr>
<tr><td>序号</td><td>产品名称</td><td>材料</td><td>数量</td><td>技术标准、质量要求</td></tr>
<tr><td>1</td><td>实习材料加工</td><td>Q235</td><td>40</td><td>按图样要求</td></tr>
<tr><td>任务细则</td><td colspan="4">1. 到仓库领取相应的材料
2. 根据现场情况选用合适的工量具和设备
3. 根据加工工艺进行加工，交付检验
4. 填写生产任务单，清理工作场地，完成工量具、设备的维修保养</td></tr>
<tr><td>任务类型</td><td colspan="2">气割</td><td>完成工时</td><td>40</td></tr>
</table>

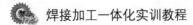 **焊接加工一体化实训教程**

续表

以下由接单人和确认方填写		
领取材料		仓库管理员（签名）
领取工量具		年　月　日
完成质量 （小组评价）		班组长（签名） 年　月　日
用户意见 （教师评价）		用户（签名） 年　月　日
改进措施 （反馈改良）		

注：生产任务单与零件图样、工艺卡一起领取。

请根据生产任务单，明确零件名称、制作材料、零件数量和完成时间。

零件名称：_____；　　　制作材料：_____；

零件数量：_____；　　　完成时间：_____。

2. 查阅相关资料或咨询老师，明确板材和管材切割的设备有哪些。

3. 通过查询后，你觉得应该用哪些设备进行加工？

4. 说说你所选用的设备主要由哪些部件组成。

5. 你所选用的设备的用途有哪些？

6. 查阅资料，说说你所选用的设备在使用过程中有哪些注意事项。

7. 氧－乙炔气割、气焊设备主要用于哪些材料的加工？

8. 气焊操作的优、缺点分别有哪些？

学习活动 2　确定加工步骤和方法

◇学习目标◇

1. 了解氧－乙炔气焊、气割设备的适用范围。
2. 认识气体火焰和用途。
3. 能根据材料图纸制定出合理的加工步骤。
4. 能按要求准备加工材料的工、量具，并能正确填写工具表单。
5. 能够区分气焊工件的焊缝哪些好，哪些差。
6. 能按照要求规范地完成本次学习活动工作页的填写。

建议学时：4 学时。

◇学习过程◇

一、产生气体火焰的气体

（一）氧气

在常温、常态下氧气是气态，分子式为 O_2。氧气本身不能燃烧，但能帮助其他可燃物质燃烧，具有强烈的助燃作用。

氧气的纯度对气焊与气割的质量、生产率和氧气本身的消耗量都有直接影响，气焊与气割对氧气的要求是纯度越高越好。

（二）乙炔

乙炔是由电石（碳化钙）和水相互作用而得到的一种无色而带有特殊臭味的碳氢化合物，其分子式为 C_2H_2。

乙炔是可燃性气体，它与空气混合时所产生的火焰温度为 2350℃，而与氧气混合燃烧时所产生的火焰温度为 3000~3300℃。

乙炔是一种具有爆炸性的危险气体，在一定压力和温度下很容易发生爆炸。

（三）液化石油气

液化石油气的主要成分是丙烷（C_3H_8）、丁烷（C_4H_{10}）、丙烯（C_3H_6）等碳氢化合物。在常压下以气态存在，在 0.8~1.5 MPa 压力下，就可变成液态，便于装入瓶中储存和运输，液化石油气由此而得名。

液化石油气与乙炔一样，与空气或氧气形成的混合气体具有爆炸性。但它比乙炔安全得多。

二、气体火焰的种类与性质

1. 氧乙炔焰。

通过查阅资料和询问焊工师傅说出图中 2-2-1 中（a）（b）（c）各是什么火焰，1、2、3 各代表火焰的什么部位？

（a）_____

（b）_____

（c）_____

1 _____

2 _____

3 _____

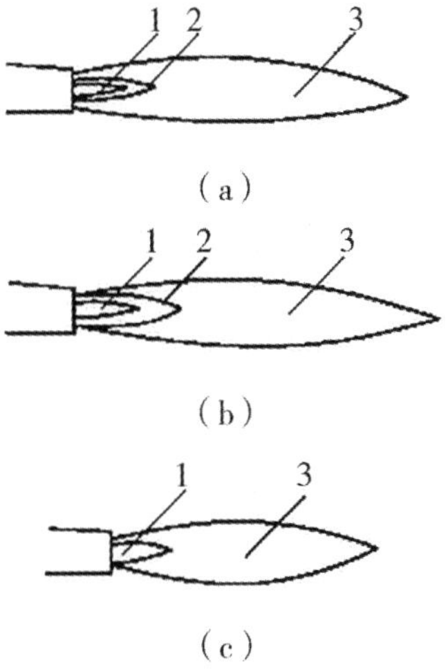

（a）

（b）

（c）

图 2-2-1

2. 查阅氧 – 乙炔火焰相关资料，填写表 2-2-1。

表 2-2-1 氧 – 乙炔火焰表

火焰种类	氧气与乙炔混合比	火焰最高温度 /℃	火焰特点
碳化焰			
中性焰			
氧化焰			

3．通过查阅资料回答下列问题。

（1）氧气瓶和乙炔瓶外表是如何标识的？

（2）如何开启氧－乙炔设备？

（3）减压器的作用是什么？如何分类？

（4）对氧－乙炔设备的氧气和乙炔胶管有什么要求？

（5）氧－乙炔气割、气焊设备主要用于哪些材料的气割、气焊？

4. 阅读实习材料图纸（图 2-2-2），制作合理的加工工艺卡。

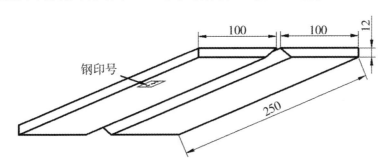

图 2-2-2 板材加工尺寸图纸

材料为 Q235，板材加工尺寸如图 2-2-2 所示。

要求：①切割边缘需平直、光滑；

②板材先按图 2-2-2 材料图纸所示尺寸加工，加工完成后单边开 30° 坡口；

③管材单件加工长度为 100 mm，加工完成后单边开 30° 坡口；

④加工完成后需对工件进行检查；

⑤所给材料必须加工合格 80 件；

阅读加工图纸后，填写加工工艺卡。

加工工艺卡

单位名称		加工工艺卡	产品名称			数量			第页
材料种类		材料成分		毛坯尺寸					共页
工序	工序名称	工序内容		车间	设备	工具	量具	计划工时	实际工时
1									
2									
3									
4									
5									
6									
7									
更改号					拟定		校正	审核	批准
更改者									
日期									

5．观看车间所用撮箕，回答下列问题。

（1）通过对车间所用撮箕的观察，你能说出它由哪些部分组成吗？

（2）观察后，和同学讨论，试着对撮箕进行放样并画出放样草图。

（3）画出放样草图后，小组讨论并制定出加工步骤。

6．通过小组讨论，结合你制定的加工步骤，填写下列工具清单。

工、量具清单

序号	工、量具名称	规格	数量	需领用

学习活动 3　使用气割、气焊设备加工教学材料

◇学习目标◇

1. 能熟练使用氧气、乙炔瓶，即会安装、会调节减压器。
2. 会使用氧－乙炔设备进行简单焊接。
3. 会使用氧－乙炔设备割切金属材料。
4. 会及时处理回火等危险事故。
5. 能根据加工工艺和加工步骤加工材料。
6. 能根据现场管理规范要求，清理场地，归置物品并按环保要求处理废弃物。

建议学时：24 学时。

◇学习过程◇

1. 查阅资料，回答下列氧－乙炔设备使用中的问题。

（1）气焊的火焰如何点燃、调节和熄灭？

（2）什么叫作回火？它是如何产生的？其危害是什么？

（3）产生回火时我们应该怎么处理？

（4）减压器应如何调节和安装？

2．相关理论知识。

（1）图为2-3-1为焊炬倾角与焊件厚度关系图。

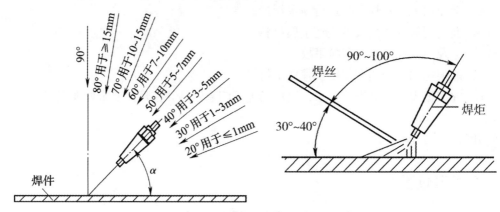

图2-3-1　焊丝与焊炬、焊件位置

（2）焊接方向（图2-3-2）。

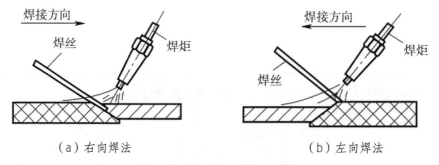

（a）右向焊法　　　　　　（b）左向焊法

图2-3-2 右向焊法和左向焊法

（3）焊接速度。与焊丝、母材熔化速度一致。

（4）射吸式割炬构造（图2-3-3）。

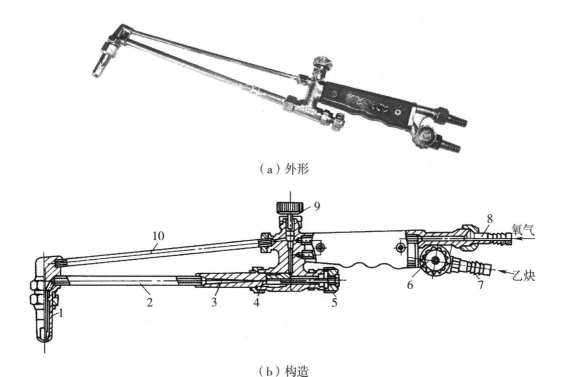

（a）外形

（b）构造

1—割嘴；2—混合气管；3—射吸管；4—喷嘴；5—预热氧调节阀；6—乙炔调节阀；
7—乙炔接头；8—氧气接头；9—切割氧气调节阀；10—切割氧气管；

图 2-3-3 射吸式割炬

图 2-3-4 所示为割嘴与焊嘴。

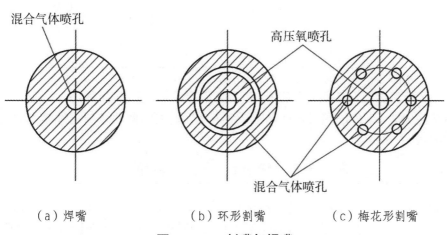

（a）焊嘴　　　　　　　（b）环形割嘴　　　　　　（c）梅花形割嘴

图 2-3-4　割嘴与焊嘴

（5）割炬型号的表示方法（图2-3-5）。

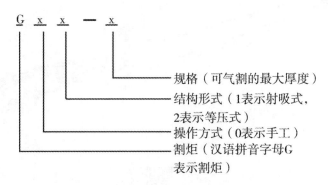

图 2-3-5　割炬型号表示方法

（6）气割参数。

表 2-3-1　为钢板气割厚度与气割速度、氧气压力的关系

钢板厚度 /mm	气割速度 /mm·min⁻¹	氧气压力 /mm·min⁻¹
4	450~500	0.2
5	400~500	0.3
10	340~450	0.35
15	300~375	0.375
20	260~350	0.4
25	240~270	0.425
30	210~250	0.45
40	180~230	0.45
60	160~200	0.5
80	150~180	0.6

（7）割嘴与割件的倾斜角度如图2-3-6所示，割嘴倾斜角与割件厚度的关系，见表2-3-2。

表 2-3-2　割嘴倾斜角与割件厚度的关系

割件厚度 /mm	<6	6~30	>30		
			起割	割穿后	停割
倾斜角方向	后倾	垂直	前倾	垂直	后倾
倾斜角角度	25°~45°	0°	5°~10°	0°	5°~10°

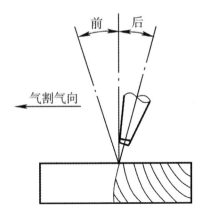

图 2-3-6 割嘴与割件的倾斜角度

3. 以情景模拟的形式，体验到材料库领取材料（到指导老师处领取各组材料）。

（1）任务一：实习材料加工。

1）检查所领取材料是否符合要求和数量。

①材料：_____

_____

_____

②数量：_____

_____

_____

2）根据实习材料图纸尺寸在材料上进行合理号料。

（2）任务二：撮箕制作。

1）填写下列领料单。

领料部门		产品名称及数量			
领料单号		零件名称及数量			
材料名称	材料规格及型号	单位	数量		单价	总价
			请领	实发		

2）根据你所制定的加工工艺下料。

3）气焊操作前的准备工作有哪些？

4）在焊接中，良好的焊缝的熔池颜色、焊炬与工件距离、角度和焊丝角度是怎样的？

5）怎样才能获得良好的割缝？

6）通过加工实践，你觉得你们制定的加工工艺还有哪些不足？

7）在操作过程中，你还遇到了哪些问题？你是怎么克服的？

学习活动 4　工作总结与评价

◇**学习目标**◇

1. 能按分组情况，分别派代表展示工作成果，说明本次任务的完成情况，并做分析总结。

2. 能结合自身的任务完成情况，正确规范撰写工作总结（心得体会）。

3. 能针对本次任务中出现的问题，提出改进措施。

4. 能对学习与工作进行反思总结，并能与他人开展良好合作，进行有效的沟通。

5. 能按要求，正确规范地完成本次学习活动工作页的填写。

建议学时：4 学时

◇**学习过程**◇

1. 展示评价。

把个人制作好的撮箕和加工材料抽样进行分组展示，再由小组推荐代表做必要的介绍。在展示过程中，以组为单位进行评价；评价完成后，根据其他组成员对本组展示的成果评价意见进行归纳总结。完成以下项目：

（1）学生自我评估与总结。

①实施本次任务你使用了多长时间？

　　30 分钟以内□　　　　　60 分钟以内□　　　　　60 分钟以上□

②能否掌握本次任务要求的教学内容？

　　完全掌握□　　　大部分能掌握□　　　只能掌握少部分□　　　完全不懂□

③你觉得自己在小组中发挥的作用是

　　主导作用□　　　配合作用□　　　　旁观者作用□

④你对自己的表现满意吗？

　　很满意□　　　满意□　　　　　不满意□

⑤你完成的任务计划和实施结果是否正确？

　　正确□　　　不正确□

（2）小组评估与总结。

①你小组的实训内容能按时完成吗？

　　能□　　　　不能□

②你小组的实训结果答案正确吗？

完全正确□　　大部分正确□　　　　小部分正确□

③小组分工、配合是否良好？

好□　　　　一般□

（3）各小组派代表展示。

①将任务技术要求、绘制的图样、注意事项、任务成果进行展示并讲解分析。

②其他小组提出的改进建议：

（4）教师对展示的作品分别作评价。

①对各组学生完成任务的表现，给予综合评价。

②对任务完成过程中各组的缺点进行点评，提出改进方法。

③对整个任务完成中出现的亮点进行点评。

2. 请你写出工作过程的心得体会（不少于300字）。

学习任务三　引弧练习、平敷焊

◇**学习目标**◇

1. 能了解焊工的工作现场和操作过程，了解焊工工作环境及焊接设备，认识焊接质量的重要性及焊接质量要求。
2. 能认识焊接图纸的各种表示符号。
3. 能通过本任务的学习，树立严格遵守焊接质量的意识，认识规范操作的重要性。
4. 能认知焊工工作特点和主要工作任务。
5. 能熟练引弧并进行平敷焊。

◇**建议课时**◇

20 学时。

◇**学习任务描述**◇

某企业因发展需要，但因市场人才紧缺，新招聘 10 名非专业焊工岗位新员工，利用 3 天的工作时间完成引弧练习和平敷焊培训，为下一步训练焊工技能奠定基础。

◇**工作流程与活动**◇

学习活动 1　收集手工电弧焊相关资料（2 学时）。
学习活动 2　接受工作任务、明确工作要求（4 学时）。
学习活动 3　引弧练习和平敷焊训练并检验（10 学时）。
学习活动 4　工作总结与评价（4 学时）。

学习活动1 收集手工电弧焊相关资料

◇学习目标◇

1. 通过查阅资料，进一步了解焊接设备。
2. 了解焊接工具的用途和使用方法。
3. 能对手工电弧焊的含义有所了解。
4. 能对手工电弧焊的应用领域有所了解。
5. 能识读焊接安全操作规程。

建议学时：2学时。

◇学习过程◇

1. 查阅资料，回答下列问题。

（1）在我们的生活中哪些地方用到焊接？说出它们是由什么焊接方法焊接而成的。

（2）手工电弧焊运用的领域有哪些？

（3）弧焊电源的分类有哪些？

2. 通过学习下列资料和自己观看视频了解焊接设备。

我国弧焊电源型号按国家标准《电焊机型号编制方法》（GB/T 10249—2010）标准编制（图3-1-1）。

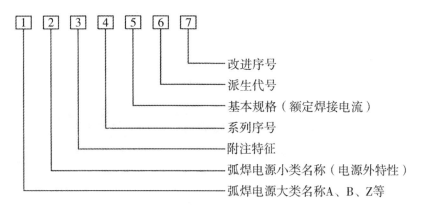

图 3-1-1　弧焊电源型号的编排次序

（1）BX1-315 型动铁芯式弧焊变压器（图 3-1-2）。

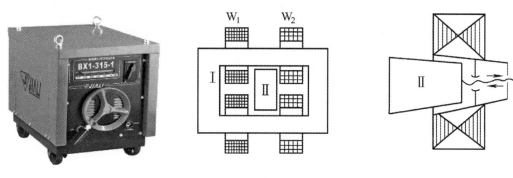

（a）外形　　　　　（b）内部结构示意图　　　　（c）焊接电流调节示意图

Ⅰ—固定铁芯；Ⅱ—动铁芯；W1——次绕组；W2—二次绕组

图 3-1-2　动铁芯式弧焊变压器

（2）ZX7-400 型逆变式弧焊整流器（图 3-1-3）。

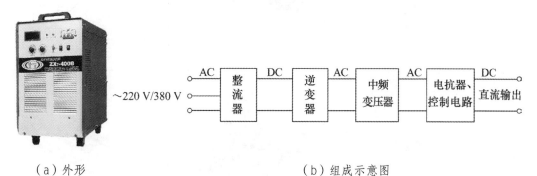

（a）外形　　　　　　　　　　（b）组成示意图

图 3-1-3　ZX7-400 型逆变式弧焊整流器

（3）焊钳（图3-1-4）。

焊钳是用来夹持焊条进行焊接的工具。

图 3-1-4　焊钳

常用的市售焊钳有 300 A 和 500 A 两种规格。

表 3-1-1　常用的市售焊钳的型号

型号	额定焊接电流 /A	适用的焊条直径 /mm	质量 /kg	外形尺寸 /mm
G352	300	2~5	0.5	250 × 80 × 40
G582	500	4~8	0.7	290 × 100 × 45

（4）焊接电缆。

焊接电缆的作用是传导焊接电流。

一般根据所需焊接电缆长度和焊接电流大小确定焊接电缆截面尺寸。

3. 焊接常用工具（表3-1-2）。

表 3-1-2　焊接常用工具

设备、工具			
名称			
用途			
设备、工具			
名称			
用途			

续表

设备、工具		
名称		
用途		
设备、工具		
名称		
用途		

学习活动 2   接受工作任务、明确工作要求

◇学习目标◇

1. 能正确穿戴劳保用品。
2. 能开关焊机。
3. 能正确规范操作姿势。
4. 能对焊缝的形成及焊条的组成有所了解。
5. 能按要求准备引弧练习和平敷焊的工、量具，并能正确填写工具表单。

建议学时：4 学时。

◇学习过程◇

1. 上网查阅资料，按要求穿戴好劳保用品，由组长检查合格后方可入车间。
2. 操作姿势（图 3-2-1）。

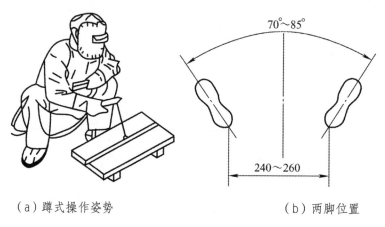

（a）蹲式操作姿势   （b）两脚位置

图 3-2-1 平焊操作姿势

3. 什么是焊条？焊条的用途有哪些？它由哪两部分组成（图 3-2-2）？

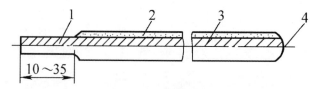

图 3-2-2 焊条

写出焊条各部分名称：

1＿＿＿＿＿＿＿　2＿＿＿＿＿＿＿　3＿＿＿＿＿＿＿　4＿＿＿＿＿＿＿

4. 焊缝的形成过程（图3-2-3）。

焊接时焊条和焊件接触短路，引燃电弧，电弧的高温将焊条和焊件局部熔化，熔化的焊芯以熔滴的形式过渡到焊件表面形成熔池。随着电弧沿焊接方向不断移动，熔池金属逐 步冷却结晶形成焊缝。

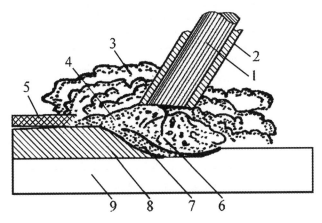

1—焊芯；2—焊条药皮；3—保护气体；4—液态熔渣；5—固态熔渣；
6—熔滴；7—熔池；8—焊缝；9—焊件

图3-2-3　焊接的形成过程示意图

5. 焊条电弧焊的基本焊接电路，如图3-2-3所示。

焊条电弧焊的基本焊接电路由弧焊电源、焊钳、焊接电缆、焊条、电弧、焊件等组成图（图3-2-4）。

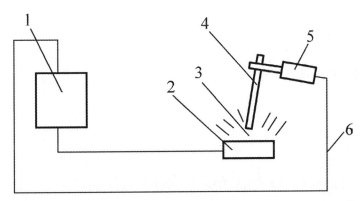

1—电源；2—焊件；3—电弧；4—焊条；5—焊钳；6—焊接电缆

图3-2-4　焊条电弧焊的基本焊接电路

6. 根据工艺图（图3-2-5）完成下列作业。

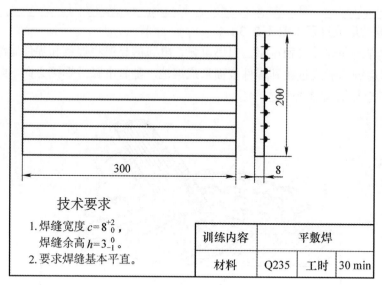

技术要求

1. 焊缝宽度 $c=8^{+2}_{0}$，
   焊缝余高 $h=3^{0}_{-1}$。
2. 要求焊缝基本平直。

训练内容	平敷焊		
材料	Q235	工时	30 min

图 3-2-5　工艺图

（1）写出引弧方法。

（2）写出引弧练习、平敷焊工作的基本内容。

（3）焊条由哪些部件组成？

（4）在操作过程中，劳保用品有哪些？应如何规范穿戴？

（5）对本次进行工艺分析所需用到的工量具，填写工、量具清单表。

工、量具清单表

序号	工、量具名称	规格	数量	需领用

（6）根据工艺图填写平敷焊练习完成后应测量和需达到的项目及图样要求，判断是否合格。对不合格项目进行分析，并说出原因。

7．清理现场，归置物品。

你现在养成及时整理工作台、按规定维护保养设备、合理收纳放置工量具的好习惯了吗？这样的好习惯对你的工作有帮助吗？

学习活动 3　引弧练习和平敷焊训练并检验

◇学习目标◇

1. 能进行焊接操作。
2. 能了解影响焊接质量的因素。
3. 能了解焊接质量在实际生产中的重要性。

建议学时：10 学时

◇学习过程◇

1. 根据图样、焊接工艺图及以下所给的信息进行焊接练习。
　（1）试件材料牌号：Q235。
　（2）试件尺寸：300 × 125 × 12，1 件。
　（3）坡口尺寸：I 形坡口。
　（4）焊接位置：平焊。
　（5）焊接要求：引弧和平敷焊。
　（6）焊接材料：E4303。
　（7）焊机：ZX5 — 400 或 ZX7 — 400。
2. 平敷焊的运条方式有哪些？

3. 根据下列评分表进行检验。

评分表

操作姿势正确	10	酌情扣分	得分
引弧方法正确	10	酌情扣分	
运条方法正确	10	酌情扣分	
定点引弧方法正确	8	酌情扣分	
引弧堆焊方法正确	8	酌情扣分	
平敷焊道均匀	14	酌情扣分	
焊道起头圆滑	8	起头不圆滑不得分	
焊道接头平整	8	接头不平整不得分	
收尾无弧坑	8	出现弧坑不得分	
焊缝平直	8	焊缝不平直不得分	
焊缝宽度一致	8	焊缝宽度不一致不得分	
合计	100	总得分	

4. 查阅资料，简述影响焊接质量的因素有哪些？为什么？

5. 查阅资料，举例说明为什么焊接质量在生产中具有很高的重要性？

6. 平弧焊的接头有哪些注意事项？

学习活动 4　工作总结与评价

◇学习目标◇

1. 能按分组情况，分别派代表展示工作成果，说明本次任务的完成情况，并作分析总结。
2. 能结合自身的任务完成情况，正确规范撰写工作总结（心得体会）。
3. 能针对本次的任务中出现的问题，提出改进措施。
4. 能对学习与工作进行反思总结，并能与他人开展良好合作，进行有效的沟通。
5. 能按要求，正确规范地完成本次学习活动工作页的填写。

建议学时：4学时。

◇学习过程◇

1. 学生自我评估与总结。
    （1）实施本次任务你使用了多长时间？
        30分钟以内□　　　60分钟以内□　　　60分钟以上□
    （2）你能否掌握本次任务要求的教学内容？
        完全掌握□　　　　大部分能掌握□
        只能掌握少部分□　完全不懂□
    （3）你觉得自己在小组中发挥的作用是
        主导作用□　　　　配合作用□　　　　旁观者作用□
    （4）你对自己的表现满意吗？
        很满意□　　　　　满意□　　　　　　不满意□
    （5）你完成的任务计划实施结果是否正确？
        正确□　　　　　　不正确□
2. 小组评估与总结。
    （1）你小组的实训内容能按时完成吗？
        能□　　　　　　　不能□
    （2）你小组的实训结果答案正确吗？
        完全正确□　　　　大部分正确□　　　小部分正确□
    （3）小组分工、配合是否良好？
        好□　　　　　　　一般□

3. 各小组派代表展示。

本组考试成绩。

改进方面：＿＿＿＿＿＿＿＿＿＿＿＿＿＿＿＿＿＿＿＿＿＿＿＿＿＿

＿＿＿＿＿＿＿＿＿＿＿＿＿＿＿＿＿＿＿＿＿＿＿＿＿＿＿＿＿＿＿＿

＿＿＿＿＿＿＿＿＿＿＿＿＿＿＿＿＿＿＿＿＿＿＿＿＿＿＿＿＿＿＿＿

＿＿＿＿＿＿＿＿＿＿＿＿＿＿＿＿＿＿＿＿＿＿＿＿＿＿＿＿＿＿＿＿

4. 教师评价与总结。

根据任务中描述的事故，请考试成绩优秀、一般的学生分析。

教师分析：＿＿＿＿＿＿＿＿＿＿＿＿＿＿＿＿＿＿＿＿＿＿＿＿＿＿

＿＿＿＿＿＿＿＿＿＿＿＿＿＿＿＿＿＿＿＿＿＿＿＿＿＿＿＿＿＿＿＿

＿＿＿＿＿＿＿＿＿＿＿＿＿＿＿＿＿＿＿＿＿＿＿＿＿＿＿＿＿＿＿＿

＿＿＿＿＿＿＿＿＿＿＿＿＿＿＿＿＿＿＿＿＿＿＿＿＿＿＿＿＿＿＿＿

5. 评价表。

班级：	姓名：	学号：	组号：				
评价项目	评价标准	评价依据	评价方式			权重	得分小计
			学生自评 20%	小组互评 30%	教师评价 50%		
职业素养	1. 遵守企业规章制度、劳动纪律 2. 按时、按质完成工作任务 3. 积极主动承担工作任务，勤学好问 4. 人身安全与设备安全 5. 工作岗位"6S"完成情况	1. 出勤情况 2. 工作态度 3. 劳动纪律 4. 团队协作精神				0.3	
专业能力	1. 熟悉专业名词和焊接车间的功能、要求 2. 掌握车间经常会发生的安全隐患点 3. 熟悉教师的每一项要求	1. 回答准确性和用词规范性 2. 工作页或项目技术总结完成情况 3. 专业技能任务完成情况				0.5	
创新能力	1. 在任务完成过程中能提出自己的有一定见解的方案 2. 在教学或生产管理上提出建议，具有创新性	1. 方案的可行性及意义 2. 建议的可行性				0.2	
综合评价	总分： 指导教师签名：　　　　　　　日期：						

学习任务四　板－板平对接单面焊双面成形

◇**学习目标**◇

1. 能通过查阅资料认识焊缝的基本符号。
2. 能通过查阅资料认识常用主要焊接方法代号。
3. 了解什么是焊接工艺参数。
4. 学会如何正确选择焊接工艺参数。
5. 能编写板－板平对接焊单面焊接双面成形焊接工艺参数。
6. 能进行板－板平对接焊单面焊接双面成形焊接。
7. 能区分常见焊接缺陷并知道其产生原因。

◇**建议课时**◇

60 学时。

◇**学习任务描述**◇

　　某企业有一批余料需要拼接起来使用，数量为 40 件，图样已交予我车间，工期为 10 天，来料加工，毛坯尺寸见图样。现安排我们来完成此加工任务。学生从教师处领取材料后，在教师指导下，识读平对接焊单面焊双面成形图样，明确加工技术要求，学习平对接焊单面焊双面成形的知识及焊接方法，并在规定时间内独立完成单件生产，提交合格产品。

◇**工作流程与活动**◇

学习活动 1　板－板平对接焊单面焊接双面成形相关知识学习（6 学时）。
学习任务 2　接受工作任务、制定焊接工艺（6 学时）。
学习任务 3　板－板平对接焊单面焊接双面成形的焊接与检验（44 学时）。
学习任务 4　工作总结与评价（4 学时）。

学习活动 1 板 – 板平对接焊单面焊接双面成形相关知识学习

◇学习目标◇

1. 能通过查阅资料，认识焊缝的基本符号。
2. 能通过查阅资料，认识常用主要焊接方法代号。
3. 了解焊缝的分类。
4. 了解焊缝的形状尺寸。
5. 了解基本符号和指引线的位置规定。

建议学时：6 学时。

◇学习过程◇

1. 通过查阅焊接接头相关知识，回答下列问题。

（1）什么是焊接接头？它主要由哪些部分组成？

（2）说出图 4-1-1 焊接接头中各部分名称。

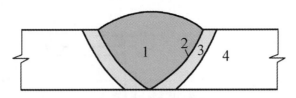

图 4-1-1 焊接接头

1: _____   2: _____

3: _____   4: _____

（3）坡口的选择原则有哪些？

（4）根据表4-1-1中的图示，简述焊接接头不同类型的特点与应用？

表4-1-1　焊接的类型和特点

接头类型	特点	应用	图示
对接接头			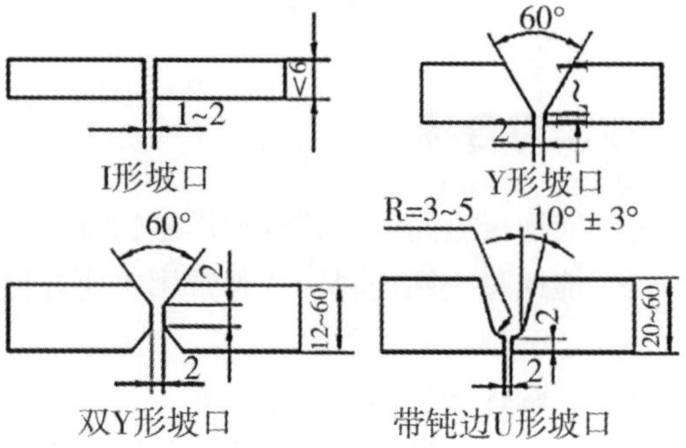
T型接头			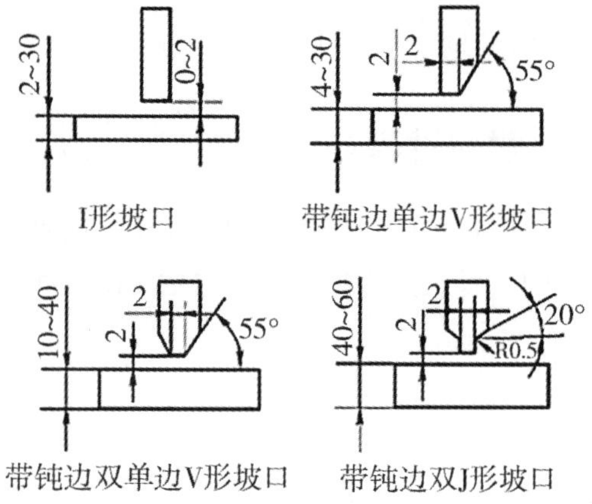
角接接头			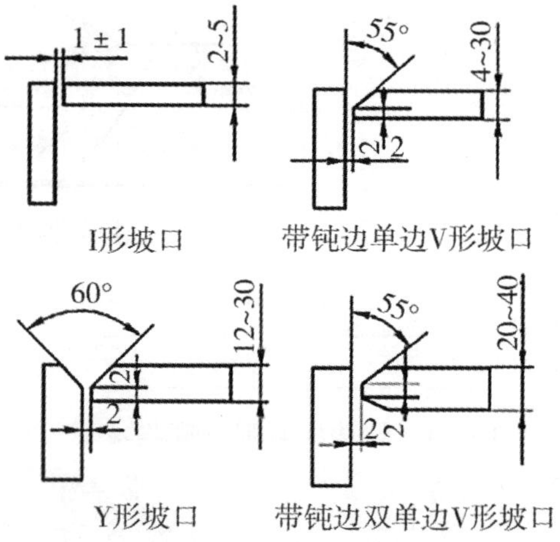

续表

接头类型	特点	应用	图示
搭接接头			3~58　∞ 不开坡口 塞焊缝　　槽焊缝
端接接头			两焊件重叠放置 的端面接 ≤30° 两焊件夹角≤30° 的端接

（5）焊缝按不同的分类方法可分为哪些?

①按焊缝在空间位置的分类可分为：

②按焊缝结构形式的分类可分为：

③按焊缝断续情况的分类可分为：

（6）焊缝成形系数。

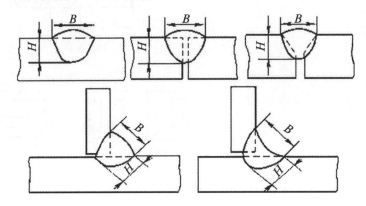

2. 焊缝基本符号。

查阅资料填写表 4-1-2。

表 4-1-2　焊缝基本符号

名称	示意图	符号
Ⅰ 形坡口或不开坡口		
V 形坡口		
单边 V 形坡口		
带钝边 V 形坡口		
带钝边单边 V 形坡口		

续表

名称	示意图	符号
带钝边 U 形坡口		
带钝边单边 U 形坡口		
双面焊接 V 形坡口		
角焊缝		
塞焊缝		
孔型塞焊缝		
带垫板对接焊缝		
不带垫板对接焊缝		
不带垫板 V 型坡口焊缝		

3．常用主要焊接方法代号。

根据表 4-1-3 中内容，填写焊接方法。

表 4-1-3　常用主要焊接方法代号

大类代号	焊接方法	代号	焊接方法	大类代号	焊接方法	代号	焊接方法
1	电弧焊	111		1	电弧焊	14	
		12				141	
		121				15	
		123		2	电阻焊	21	
		13				22	
		131				23	
		135				24	
		136				25	
大类代号	焊接方法	代号	焊接方法	大类代号	焊接方法	代号	焊接方法
3	气焊	31		8	切割与气割	81	
		311				83	
		312				84	
4	压力焊	42				87	
		45		9	硬钎焊、软钎焊及钎接焊	912	
5	电能束焊	51				94	
		52					
7	其他假焊接方法	72					
		73					
		78					

学习活动 2　接受工作任务、制定焊接工艺

◇学习目标◇

1. 了解什么是焊接工艺参数。
2. 学会如何正确选择焊接工艺参数。
3. 能编写板－板平对接焊单面焊接双面成形焊接工艺参数。
4. 能区分常见焊接缺陷和知道其产生原因。

建议学时：6学时。

◇学习过程◇

1. 查阅资料，回答下列问题。
（1）什么是焊接工艺和焊接工艺参数？

（2）我们该如何选用焊条？

（3）焊接时，焊接电流应如何选择？

2. 阅读生产任务单，明确加工任务。

生产任务单

需方单位名称		××× 企业		完成日期	年　月　日	
序号	产品名称	材料	数量	技术标准、质量要求		
1	余料焊接	Q235 钢	40 件	按图样要求		
2						
3						
4						
生产批准时间		年　月　日	批准人			
通知任务时间		年　月　日	发单人			
接单时间		年　月　日	接单人		生产班组	焊接加工组

请根据生产任务单，明确完成的数量和时间，正确填写在下面空白处。

余料焊接的完成数量：＿＿＿＿件。

余料焊接的完成日期：＿＿＿＿年＿＿＿＿月＿＿＿＿日。

3. 阅读焊接装配图（图 4-2-1），填写焊接工艺卡。

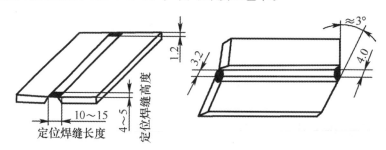

图 4-2-1　焊接装配图

焊接工艺卡

单位名称	焊接工艺卡	产品名称	余料拼接	数量	40件		第 页
材料种类	Q235	材料成分		毛坯尺寸			共 页
工序	工序名称	工序内容	车间	设备	工具	量具	计划工时	实际工时
1								
2								
3								
4								
5								
6								
7								
8								
9								
更改号			拟定	校正	审核	批准	
更改者							
日期							

4. 什么是焊接缺陷？常见的焊接缺陷有哪些？

学习活动 3 板－板平对接焊单面焊双面成形的焊接与检验

◇**学习目标**◇

1. 能进行单面焊接双面成形操作。
2. 能制定焊接工艺及调整焊接工艺参数。
3. 能进行自检。
4. 能安全文明生产。
5. 能利用评分表进行自我评定。

建议学时：44 学时。

◇**学习过程**◇

1. 领取工、量具清单。

在教师的指导下，结合工艺卡，填写领取的工、量具清单表。

工、量具清单表

序号	工、量具名称	规格	数量	需领用

2. 焊前准备。

（1）材料。

（2）设备及型号。

（3）工具。

（4）操作图及角度（图4-3-1）。

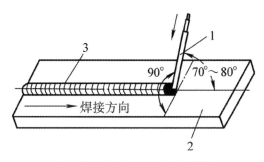

1—焊条；2—母材；3—焊道

图4-3-1　平覆焊操作图

（5）运条基本动作（图4-3-2）。

运条基本动作方向、作用及操作要求如表4-3-1所示。

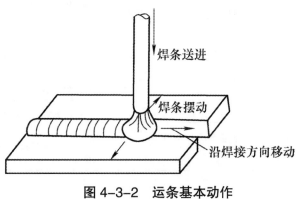

图4-3-2　运条基本动作

表 4-3-1　运条基本动作及作用

运条动作	运条方向	作　用	操作要求
送进	焊条沿轴线向熔池方向送进	控制弧长，使熔池有良好的保护，保证焊接连续不断地进行，促进焊缝成形	要求焊条送进的速度与焊条熔化的速度相等，以保持电弧的长度不变
移动	焊条沿焊接方向的纵向移动	保证焊缝直线施焊，并控制每道焊缝的横截面积	移动速度必须适当才能使焊缝均匀
摆动	焊条的横向摆动	控制焊缝所需的熔深、熔宽，获得一定宽度的焊缝，并保证坡口两侧及焊道之间良好熔合	其摆动幅度应根据焊缝宽度与焊条直径决定。横向摆动力求均匀一致，才能获得宽度整齐的焊缝。焊缝宽度一般不超过焊条直径的 2~5 倍。

（6）常用的运条方法、特点及适用范围（4-3-2）。

表 4-3-2　运条方法、特点及适用范围

运条方法		特点	适用范围
直线形		焊条以直线形移动，不作摆动。熔深大，焊道窄	1.3~5 mm 厚度 I 形坡口对接平焊 2. 多层焊的第一层焊道 3. 多层多道焊
直线往返形		焊条末端沿着焊接方向作来回往返的直线形摆动。焊接速度快，焊缝窄，散热快	1. 薄板焊 2. 对接平焊（间隙较大）
锯齿形		焊条末端沿着焊接方向作锯齿形连续摆动，控制熔化金属的流动性，使焊缝增宽	1. 对接接头（平焊、立焊、仰焊） 2. 角接接头（立焊）
月牙形		焊条末端沿着焊接方向作月牙形的左右摆动，使焊缝宽度及余高增加	与锯齿形动条法相同
三角形	斜三角形	焊条末端沿着焊接方向作三角形摆动	1. 角接接头（仰焊） 2. 对接接头（开 V 形坡口横焊）
	正三角形		1. 角接接头（立焊） 2. 对接接头
圆圈形	斜圆圈形	焊条末端沿着焊接方向作圆圈形运动，同时不断地向前移动	1. 角接接头（平焊、仰焊） 2. 对接接头（横焊）
	正圆圈形		对接接头（厚焊件平焊）
8 字形		焊条末端沿着焊接方向作 8 字形运动，使焊缝增宽，波纹美观	对接接头（厚焊件平焊

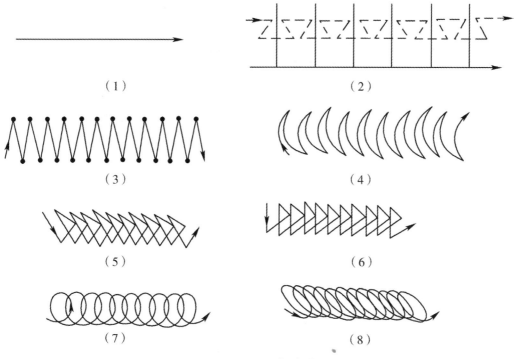

图 4-3-3　运条方法

根据图 4-3-3，填写运条方法。

（1）_____（2）_____（3）_____（4）_____
（5）_____（6）_____（7）_____（8）_____

3. 根据你们自己制定的焊接工艺进行焊接。

（1）在焊接过程中，你遇到了哪些问题？你是怎么克服的？

（2）焊接完成后你觉得你的焊接工艺还存在哪些问题？结合焊接重新改进焊接工艺并填写焊接工艺卡。

单位名称		焊接工艺卡	产品名称	余料拼接	数量		40件	第 页
材料种类	Q235	材料成分		毛坯尺寸				共 页
工序	工序名称	工序内容		车间	设备	工具	量具	计划工时	实际工时
1									
2									
3									
4									
5									
6									
7									
8									
更改号					拟定	校正	审核	批准
更改者								
日期								

（3）你觉得焊接完成后，我们还应该做什么？

（4）结合焊接过程，说说焊接过程中的注意事项。

4．工件的检验。

项目	序号		考核要求	配分	评分标准	检测结果	得分
外观检验	1		表面无裂纹	5	有裂纹不得分		
	2		无烧穿	5	有烧穿不得分		
	3		无焊瘤	8	每处焊瘤扣 1 分		
	4		无表面气孔	5	每个气孔扣 1 分，直径大于 1.5 mm 不得分		
	5		无咬边	8	深度大于 0.5 mm，累计每 10 mm 扣 1 分		
	6		无夹渣	8	每处夹渣扣 1 分		
	7		无未熔合	8	未熔合累计长度每 10 mm 扣 1 分		
	8		焊缝起头、接头、收尾无缺陷	9	起头、收尾过低或过高，接头脱节每处扣 1 分		
	9		焊缝宽度不均匀 ≤ 3 mm	8	焊缝宽度变化 >3 mm 累计长度 30 mm 不得分		
焊缝内部质量	10		焊缝内部无气孔、夹渣、未焊透、裂纹	10	Ⅰ 级片不扣分，Ⅱ 级片扣 5 分，Ⅲ 级片不得分		
焊缝外形尺寸	11		焊缝允许宽度 16 ± 2 mm	8	每超差 1 mm 累计每 20 mm 扣 1 分		
	12		焊缝允许余高 2 ± 1 mm	8	每超差 1 mm 累计每 20 mm 扣 1 分		
焊后变形错位	13		角变形 ≤ 30	5	超差不得分		
	14		错位量 ≤ 5%δ	5	超差不得分		
安全文明生产	15		从总分中扣除		可以扣至零分		
总分				100		总得分	
考核计时			开始时间：		结束时间：		

学习活动 4 工作总结与评价

◇学习目标◇

1. 能按分组情况，分别派代表展示工作成果，说明本次任务的完成情况，并做分析总结。

2. 能结合自身的任务完成情况，正确规范撰写工作总结（心得体会）。

3. 能针对本次任务中出现的问题，提出改进措施。

4. 能对学习与工作进行反思、总结，并能与他人开展良好合作，进行有效的沟通。

5. 能按要求，正确规范地完成本次学习活动工作页的填写。

建议学时：4 学时。

◇学习过程◇

综合以上几个活动综合评价每名学生的综合成绩。

成绩评定表样式如表 4-4-1 所示。

表 4-4-1 成绩评定表

学号	姓名	组名	活动中的职务	活动1成绩	活动2成绩	活动3成绩	活动4成绩	奖励加分	综合成绩

奖励加分项：

1. 发言主动、积极思考，每次 2 分。

2. 主动帮助他人及老师，每次 1 分。

3. 积极打扫卫生，做到安全文明生产，每次 1 分。

4. 按时上下课，不迟到、不早退，下课认真检查设备安全、火灾隐患等，上课不玩手机、不睡觉，每天 0.5 分。

1．学生自我评估与总结。

（1）本次完成的任务是否按课时计划完成？

　　　是□　　　　　　　不是□

（2）能否掌握本次任务要求的教学内容？

　　　完全掌握□　　　　大部分能掌握□

　　　只能掌握少部分□　完全不懂□

（3）你觉得自己在小组中发挥的作用是什么？

　　　主导作用□　　　　配合作用□　　　　　　旁观者作用□

（4）你对自己的表现满意吗？

　　　很满意□　　　　　满意□　　　　　　　　不满意□

（5）你完成的任务计划实施结果是否正确？

　　　正确□　　　　　　不正确□

2．小组评估与总结。

（1）你小组的实训内容能按时完成吗？

　　　能□　　　　　　　不能□

（2）你小组的实训结果正确吗？

　　　完全正确□　　　　大部分正确□　　　　　小部分正确□

（3）小组分工、配合是否良好？

　　　好□　　　　　　　一般□

3．各组展示工件并讲解自己在焊接中的感想。

学习任务五　板－板立对接单面焊双面成形

◇**学习目标**◇

1. 能通过查阅资料认识各种焊接缺陷的名称、定义、现象及防止措施。
2. 了解焊接工艺步骤。
3. 能编写板－板立对接焊单面焊接双面成形焊接工艺参数及步骤。
4. 能进行板－板立对接焊单面焊接双面成形焊接。
5. 能区分常见焊接缺陷并了解其产的生原因。
6. 会正确处理和防止各种焊接缺陷的产生。
7. 初步学做焊接工艺评定。

◇**建议课时**◇

60 学时。

◇**学习任务描述**◇

某造船厂需要招聘一批从事立焊的焊工，考核合格后便能从事相关工作，待遇从优。考核试件尺寸见图样。为确实做好教育脱贫工作，确保同学们能够有一个良好的就业前景，现安排我们来通过训练通过考核任务。学生从教师处领取材料后，在教师指导下，识读立对接焊单面焊接双面成形图样，明确加工技术要求，学习平对接焊单面焊双面成形的知识及焊接方法，并在规定时间内独立完成单件生产，提交合格产品。

◇**工作流程与活动**◇

学习活动 1　板－板立对接焊单面焊接双面成形相关知识学习。
学习活动 2　接受工作任务、制定焊接工艺。
学习活动 3　板－板立对接焊单面焊接双面成形的焊接与检验。
学习活动 4　　工作总结与评价。

学习活动1 板－板立对接单面焊双面成形
相关知识学习

◇学习目标◇

1．能通过查阅资料，掌握焊接缺陷的名称。
2．能通过查阅资料，掌握焊接缺陷的产生的原因。
3．能通过查阅资料，掌握焊接缺陷的防止措施。

建议学时：6学时。

◇学习过程◇

表5-1-1所示为常见焊接缺陷产生的原因及防止措施

表5-1-1 常见焊接缺陷产生的原因及防止措施

焊接缺陷	定义	产生原因	防止措施
焊缝表面尺寸不符合要求	焊缝外表形状高低不平或焊波宽窄不齐，尺寸过大或过小，角焊缝单边以及焊脚尺寸不符合要求	1.焊件坡口不当或装配间隙不均匀 2.焊接速度不当或运条手法不正确 3.焊接工艺参数选择不当	1.选择适当的坡口角度和装配间隙，提高装配质量 2.正确选择焊接工艺参数，特别是焊接电流值最为关键 3.提高操作技术水平
咬边	由于焊接参数选择不当，操作工艺不正确，而在母材上产生沿熔合线方向的沟槽或凹陷	1.焊接电流过大，电弧过长 2.坡口内填充量不足就进行表面焊 3.运条时，焊条摆动至焊缝两侧停顿时间少，焊条角度不正确	1.正确选择焊接电流和焊接速度，采用短弧焊接 2.掌握正确的运条方法和运条角度 3.焊缝两侧要做适当停顿
未焊透	焊接时接头根部未完全熔透的现象	1.坡口钝边过大，坡口角度太小，焊根未清理干净间隙太小 2.焊条角度不正确，熔池偏于一侧 3.焊接电流过小，速度过快，弧长过长 4.有磁偏吹现象 5.层间或根部间隙有污物等	1.正确选用和加工坡口尺寸，保证必须的装配间隙 2.正确选用焊接电流和焊接速度 3.认真操作，防止焊偏

续表

焊接缺陷	定义	产生原因	防止措施
未熔合	熔焊时，焊道与母材之间或焊道与焊道之间，未完全融化结合	1. 层间清渣不干净 2. 焊接电流太小，焊条偏心 3. 焊条摆幅太小等	1. 加强层间清渣 2. 正确选择焊接电流 3. 注意焊条摆动
夹渣	焊后残留在焊缝中的熔渣	1. 焊接电流太小以致液态金属和熔渣分不清 2. 焊接速度过快，使熔渣来不及浮起 3. 多层焊时清渣不彻底 4. 焊条角度不正确	1. 正确选用焊接电流及运条角度 2. 焊件坡口角度不宜过小 3. 多层焊时认真做好清理工作
焊瘤	焊接过程中，熔化金属流淌到焊缝之外未熔化的母材上所形成的金属瘤	1. 焊接电流过大，焊接速度过慢； 2. 操作不熟练和运条不当；	1. 选择合适的焊接电流，控制熔池温度； 2. 采用正确的运条方法，焊缝中间运条应快，两侧运条应慢
凹坑	焊后在焊缝表面或焊缝背面形成的低于母材或局部低洼的现象	1. 电弧拉得过长 2. 焊条倾角不当 3. 装配间隙太大	1. 短弧焊接 2. 焊后填满弧坑 3. 选用正确的焊条角度 4. 装配间隙要适宜
烧穿	焊接过程中，融化金属自坡口背面流出，形成穿孔的缺陷	1. 对焊件加热过甚 2. 间隙太大，焊接速度过慢 3. 电弧在焊缝处停留时间过长	1. 正确选择焊接电流和焊接速度 2. 严格控制装配间隙
气孔	焊接时，熔池中的气泡在凝固时未能及时逸出而残留下来所形成的空穴	铁锈和水分是产生气孔的重要因素 1. 焊条未经很好烘干进行焊接 2. 弧长增加空气侵入	1. 焊前仔细清理焊件表面 2. 严格按规定烘干焊条 3. 低氢型焊条尽量采用短弧焊
裂纹	焊接过程中，焊缝和热影响区金属冷却到固相线附近高温区产生的裂纹为热裂纹 焊接接头冷却到较低温度下时产生的裂纹为冷裂纹	热裂纹和冷裂纹多发生在焊接低合金高强度钢、耐热钢、不锈钢等金属材料	

学习活动 2　接受工作任务、制定焊接工艺

◇学习目标◇

1. 能读懂焊接装配图。
2. 能通过小组成员合作方式完成加工工艺编制。
3. 能通过各种方式展示小组编制的工艺方案，并听取他人的建议对工艺方案进行完善。
4. 能根据编制好的焊接工艺准备焊接所用的工具，设备。
5. 能正确填写加工工艺卡。
6. 能按现场"7S"管理的要求规范放置工具，整理设备。

建议学时：4 学时。

◇学习过程◇

一、介绍单面焊接双面成形的应用场合

在为锅炉、造船、压力容器等一些重要结构焊接过程中，为保证焊接结构的力学性能及使用性能，必须使对接结构焊透，并且内部质量必须使用 X 射线或超声波进行探伤，以保证结构的安全及生命财产的安全。这样的结构才能在重要场合使用，才能说明是一个合格的焊接结构。

二、试件的装配

1. 坡口的清理。

由于坡口使用半自动切割机进行切割，坡口表面有许多的金属氧化物，而这些金属氧化物熔点比金属的熔点高，焊接过程中不易浮出来形成熔渣，从而形成夹渣或夹杂物，降低焊缝的强度。所以，必须清除坡口面及坡口正反两面两侧 20 mm 范围内的油、锈、水分、金属氧化物及其他污物，油和水分是焊缝产生气孔的主要原因。清理完成后不能用有汗的手触摸坡口，直至露出金属光泽。

2. 钝边修理。

钝边是保证焊件焊透而不形成烧穿的重要保障。钝边过大，焊接时击不穿；钝边过小，易形成烧穿。所以钝边必须使用锉刀锉削，在坡口的全长范围内保持一致，一般为 1 mm。并保证两块焊件并拢后无间隙为宜。

3．定位焊及装配。

（1）装配间隙：始端为 3 mm，终端为 4 mm。

（2）定位焊接：采用与焊接试板相同牌号焊条进行定位焊接，并在试件的反面两端进行点焊，焊点长度为 10~15 mm，限定在 20 mm 内。

（3）预留反变形：3° 或 4°；也可以用两焊件的高差 $\varDelta=b\times\sin3°=125\times0.0523=6.53$ mm。

近似等与一根 $\varphi3.2$ mm 焊条带药皮的尺寸。如图 5-2-1 所示：

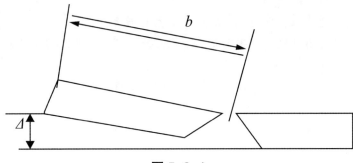

图 5-2-1

（4）错边量：小于 0.5 mm。

4．焊接工艺参数表（5-2-1）。

表 5-2-1　焊接工艺参数表

焊接层次	焊条直径 /mm	焊接电流 /A
打底层（1）	2.5	70~90
填充层（2、3、4）	3.2	110~130
盖面层（5）		100~120

学习活动 3　板－板立对接单面焊双面成形的焊接与检验

◇学习目标◇

1. 能进行立对接单面焊接双面成形操作。
2. 了解打底焊接焊条准确位置体会与练习。
3. 能结合焊接操作修改焊接工艺及调整焊接工艺参数。
4. 能进行自检。
5. 能安全文明生产。
6. 能利用评分表进行自我评定。

建议学时：46 学时。

◇学习过程◇

一、教学所需准备教具

1. 试件材料牌号：Q235；
2. 试件尺寸：300×125×12，2 件；
3. 坡口尺寸：60° V 形坡口；
4. 焊接位置：立焊；
5. 焊接要求：单面焊接双面成形；
6. 焊接材料：E4303；
7. 焊机：ZX5-400 或 ZX7-400；

二、教学注意事项

1. 教师一边示范一边讲解，一定要将每一个动作讲解清楚，然后再进行操作示范。让学生有理性认识后再进行感性认识，有利于学生快速掌握操作技能。

2. 操作一定要选择每组学生示范一次，场地要开阔，可容纳所有该组的学生并让学生能清楚看到操作过程。

3. 注意安排学生的位置，尽量让每个学生都能看清操作过程。

4. 注意安全。

三、总结

1. 通过这次教学，学生基本了解板－板立对接单面焊接双面成形的方法和操作程序，掌握焊接工艺参数对焊接质量的影响。能准确判断焊接缺陷产生的原因，并能及时调整和生产符合质量要求的焊接产品。

2. 通过理论教学和实践教学的充分结合，学生能够较快地掌握焊接的操作，及时理解理论知识的重要性。增强学生质量意识，培养学生刻苦学习的意识，锻炼学生相互学习的竞争意识与学习意识。

四、作业布置

1. 写出实习总结（学习过程中不足的地方、完成得较好的地方、改进方法及下次注意事项）。

2. 完成下表。

焊接工艺参数		第一个工件	第二个工件	满意程度及改进措施
焊接电流 /A	第一层			
	填充层			
	盖面层			
焊条直径 /mm	第一层			
	填充层			
	盖面层			
焊接速度 /				
焊接层数 /				
坡口角度 / (°)				
除锈情况				
焊条角度 / (°)	第一层			
	填充层			
	盖面层			
每层高度 /mm	第一层			
	填充层			
	盖面层			

焊接体会：

教师评语：_____

板－板对接立焊试件外观检查项目及评分标准表

明码号			评分员签名			合计分	
检查项目	标准、分数	焊缝等级					实际得分
		I	II	III	IV		
正面	焊缝余高	标准/mm	0~2	>2，≤3	>3，≤4	<0，>4	
		分数	5	3	1	0	
	高低差	标准/mm	≤1	>1，≤2	>2，≤3	>3	
		分数	5	3	1	0	
	焊缝宽度	标准/mm	>20，≤24	>24，≤25	>25，≤26	≤20，>26	
		分数	5	3	1	0	
	宽窄差	标准/mm	≤1.0	>1.0，≤2	>2，≤3	>3	
		分数	5	3	1	0	
	咬边	标准/mm	0	深度≤0.5且长度≤15	深度≤0.5长度>15，≤30	深度>0.5或长度>30	
		分数	8	5	3	0	
	气孔	标准/mm	0	气孔≤φ1.5数目：1个	气孔≤φ1.5数目：2个	气孔>φ1.5或数目>2个	
		分数	5	3	1	0	
	错边量	标准/mm	0	≤0.5	>0.5，≤1.0	>1.0	
		分数	4	2	1	0	
	角变形	标准/mm	0~1	>1，≤3	>3，≤5	>5	
		分数	5	3	1	0	
	焊缝外表成形		优	良	一般	差	
		标准/mm	成形美观，鱼鳞均匀细密，高低宽窄一致	成形较好，鱼鳞均匀，焊缝平整	成形尚可，焊缝平直	焊缝弯曲，高低宽窄明显，有表面焊接缺陷	
		分数	4	2	1	0	

续表

明码号			评分员签名			合计分	
反面	焊缝高度	标准/mm	0~3	＞3			
		分数	5	0			
	咬边	标准/mm	无	有			
		分数	5	0			
	气孔	标准/mm	无	有			
		分数	5	0			
	反面成形	标准/mm	优	良	一般	差	
		分数	4	2	1	0	
	未焊透	标准/mm	无	有			
		分数	10	0分			
	内凹	标准/mm	无	深度≤0.5	深度＞0.5		
		分数	20	每2 mm长扣1分（最多扣20分）	0		
电弧擦伤		标准/mm	无	有			
		分数	5	0			

注：1. 正、反两面满分为100分，评分后除以2为实际得分。

2. 气孔检查采用5倍放大镜。

3. 表面有裂纹、夹渣、未熔合、焊穿等缺陷之一，外观作0分处理。

4. 焊缝未盖面，焊缝表面及根部有修补或试件做舞弊标记，该项目作0分处理。

学习活动 4　工作总结与评价

◇**学习目标**◇

1. 能按分组情况，分别派代表展示工作成果，说明本次任务的完成情况，并作分析总结。

2. 能结合自身的任务完成情况，正确规范撰写工作总结（心得体会）。

3. 能就本次的任务中出现的问题，提出改进措施。

4. 能对学习与工作进行反思总结，并能与他人开展良好合作，进行有效的沟通。

5. 能按要求正确规范地完成本次学习活动工作页的填写。

建议学时：4 学时。

◇**学习过程**◇

综合以上几个活动，综合评价每名学生的综合成绩。

成绩评定表样式如表 5-4-1 所示。

表 5-4-1　成绩评定表

学号	姓名	组名	活动中的职务	活动1成绩	活动2成绩	活动3成绩	活动4成绩	奖励加分	综合成绩

奖励加分项：

1. 发言主动、积极思考，每次 2 分。

2. 主动帮助他人及老师，每次 1 分。

3. 积极打扫卫生，做到安全文明生产，每次 1 分。

4. 按时上下课，不迟到、不早退，下课认真检查设备安全、火灾隐患等，上课不玩手机、不睡觉，每天 0.5 分。

1. 学生自我评估与总结。

（1）本次完成的任务是否按课时计划完成？

　　　　是□　　　　　　　　不是□

（2）能否掌握本次任务要求的教学内容？

　　完全掌握□　　　　　　大部分能掌握□

　　只能掌握少部分□　　完全不懂□

（3）你觉得自己在小组中发挥的作用是什么？

　　主导作用□　　　　　配合作用□　　　　　旁观者作用□

（4）你对自己的表现满意吗？

　　很满意□　　　　　　满意□　　　　　　不满意□

（5）你完成的任务计划实施结果是否正确？

　　正确□　　　　　　不正确□

2．小组评估与总结。

（1）你小组的实训内容能按时完成吗？

　　能□　　　　　　不能□

（2）你小组的实训结果答案正确吗？

完全正确□　　　　　　大部分正确□　　　　　小部分正确□

（3）小组分工、配合是否良好？

　　好□　　　　　一般□

3．各组展示工件并讲解自己在焊接中的感想。

4．评价与分析。

班级_____　　学生姓名_____　　学号_____

项目	自我评价			小组评价			教师评价		
	9~10	6~8	1~5	9~10	6~8	1~5	9~10	6~8	1~5
	占总评分10%			占总评分20%			占总评分70%		
学习活动1									
学习活动2									
学习活动3									
学习活动4									
能力表达									
协作精神									
纪律观念									
工作态度									
任务总体表现									
小结									
总评分									

任课教师：　　　　　　　　　　　　　　　年　　月　　日

学习任务六　板－板横对接单面焊双面成形

◇**学习目标**◇

1. 能通过查阅资料，认识焊条、焊丝、母材的熔化过程。
2. 能通过查阅资料，了解焊接化学冶金过程。
3. 认识控制和改善焊接接头性能的方法。
4. 了解焊接应力与变形的形成过程。
5. 能编写板－板横对接焊单面焊接双面成形焊接工艺参数。
6. 能进行板－板横对接焊单面焊接双面成形焊接。
7. 能区分常见焊接缺陷及其产生原因。

◇**建议课时**◇

60 学时。

◇**学习任务描述**◇

　　某钢结构企业为了提高企业员工的整体技术水平，决定组织企业焊接专业的员工进行社会化培训并考证。培训课题为板－板对接焊，考证课题很可能为板－板横对接焊单面焊接双面成形，故要求员工多练习板－板横对接焊单面焊接双面成形。

◇**工作流程与活动**◇

学习活动 1　板－板横对接焊单面焊接双面成形相关知识学习（6 学时）
学习活动 2　接受工作任务、制定焊接工艺（4 学时）
学习活动 3　板－板横对接焊单面焊接双面成形的焊接与检验（46 学时）
学习活动 4　工作总结与评价（4 学时）

学习活动 1　板－板横对接单面焊接双面成形相关知识学习

◇学习目标◇

1. 查阅资料，了解焊接热源。
2. 认识熔滴的过渡形式和特点。
3. 了解焊接化学冶金过程。
4. 知道有害元素对焊缝的影响。
5. 查阅资料，了解焊接变形的产生原因和防止措施。
6. 知道一些简单的矫正方法。

建议学时：6学时。

◇学习过程◇

（一）查阅资料回答下列问题

1. 什么是焊接热源？常用的焊接热源有哪些？

2. 熔滴过渡的形式有哪几种？

3. 熔滴过渡的作用力有哪些？说说它们对熔滴过渡是起阻碍作用还是促进作用？

4. 焊接过程中对焊缝金属的保护方法有哪些？举例说说哪些焊接方法用到这些保护方法。

5. 焊接化学冶金的特点有哪些？

（二）操作注意事项

（1）焊第一层时，为避免出现裂纹，运条速度不宜太快，焊道不能太薄，以保持焊件受热均匀；熄弧时应将弧坑填满，以免出现火口裂纹。

（2）如果焊接过程中产生裂纹，应铲除重焊。

（3）选用正确的焊接顺序。

1. 对焊接工件进行预热具有哪些作用？

2. 什么是冷裂纹和热裂纹？它们的产生分别是由什么引起的？它们有何危害？

3. 引起生成热裂纹的因素有哪些？

4．怎样防止产生热裂纹？

5．引起生成冷裂纹的因素有哪些？怎样防止产生冷裂纹？

6．气孔是如何产生的？它有何危害？影响气孔产生的因素有哪些？怎么防止产生气孔？

7．影响焊接性能的因素有哪些？

（三）焊接残余应力与残余变形

1．什么叫作焊接残余应力和焊接残余变形？

2．焊接残余变形常见的矫正方法有哪些？

学习活动 2　接受工作任务、制定焊接工艺

◇学习目标◇

1. 能读懂焊接装配图。
2. 能通过小组成员合作方式，完成加工工艺编制。
3. 能通过各种方式展示小组编制的工艺方案，并听取他人的建议对工艺方案进行完善。
4. 能根据编制好的焊接工艺，准备焊接所用的工具、设备。
5. 能正确填写加工工艺卡。
6. 能按现场"7S"管理的要求规范放置工具，整理设备。

建议学时：4 学时。

◇学习过程◇

1. 到老师处领取焊接装配图（图 6-2-1），阅读装配图后回答问题。

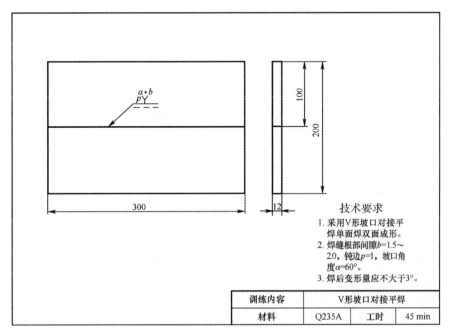

图 6-2-1　焊接装配图

（1）从装配图中你知道了哪些信息？

（2）阅读装配图后，分组讨论焊接工艺并填写焊接工艺卡。

焊接工艺卡

单位名称		焊接工艺卡	产品名称	板－板横对接焊单面焊接双面成形		数量	40件		第 页
材料种类	Q235	材料成分		毛坯尺寸					共 页
工序	工序名称	工序内容		车间	设备	工具	量具	计划工时	实际工时
1									
2									
3									
4									
5									
6									
7									
8									
更改号					拟定	校正	审核	批准	
更改者									
日期									

（3）根据你所制定的焊接工艺，领取焊接材料、工具并填写工具、材料清单。

_____组借用（领用）工具清单

序号	名称	规格	数量	签名	备注

_____组领用材料清单

序号	名称	规格	数量	签名	备注

（4）把你们组编写的工艺展示给其他小组，并根据其他小组所编写的焊接工艺对你们组的焊接工艺进行合理的改进。

2. 查阅资料，说一说什么是"7S"管理规范？

3. "7S"管理规范中关于工量具摆放的规定有哪些？结合"7S"管理规范，说说我们在焊接中应怎么摆放工具？

学习活动 3　板－板横对接焊单面焊接双面成形的焊接与检验

◇学习目标◇

1. 能进行横对接焊单面焊接双面成形操作。
2. 了解焊条的相关知识。
3. 能结合焊接操作修改焊接工艺及调整焊接工艺参数。
4. 能进行自检。
5. 能安全文明生产。
6. 能利用评分表进行自我评定。

建议学时：46 学时。

◇学习过程◇

（一）焊条的组成

1. 焊芯的作用和成分。

焊芯是焊条的金属芯部分，熔化后进入熔池作为填充金属成为焊缝的一部分。

2. 药皮的作用、组成和分类。

压涂在焊芯表面上的涂料层称为药皮。

药皮的作用是保护熔池。

药皮由多种原料组成，每一种原料都有不同的作用。

药皮共有 8 种类型。

（二）焊条的型号

1. 碳钢焊条（GB/T 5117—1995）与低合金钢焊条（GB/T 5118—1995）型号见表 6-3-1。

（1）字母 E 表示焊条。

（2）前两位表示熔敷金属抗拉强度的最小值，单位 ×10 MPa。

（3）第三位数字为焊条的焊接位置，"0""1"表示焊条适用于全位置焊接，"2"表示适用于平焊及平角焊，"4"表示适用于向下立焊。

（4）第三位和第四位数字组合时，表示焊接电流种类及药皮类型。

表 6-3-1　焊条型号表

焊条型号	药皮类型	焊接位置	电流种类
E××00	特殊型	平、立、横、仰	交流或直流正、反接
E××01	钛铁矿型		
E××03	钛钙型		
E××10	高纤维钠型		直流反接
E××11	高纤维钾型		交流或直流正、反接
E××12	高钛钠型		交流或直流正、反接
E××13	高钛钾型		交流或直流正、反接
E××14	铁粉钛型		
E××15	低氢钠型		直流反接
E××16	低氢钾型		交流或直接反接
E××18	铁粉低氢型		
E××20	氧化铁型	平焊、平角焊	交流或直流正、反接
E××22			交流或直流正、反接
E××23	铁粉钛钙型		
E××24	铁粉钛型		
E××27	铁粉氧化铁型		交流或直流正、反接
E××28	铁粉低氢型		交流或直流正、反接
E××48		平、立向下、横、仰	

低合金钢焊条还附有后缀字母，为熔敷金属的化学成分分类代号：A 表示碳钼钢焊条；B 表示铬钼钢焊条；C 表示镍钢焊条；NM 表示镍钼钢焊条；D 表示锰钼钢焊条；G、M 或 W 表示其他低合金钢焊条。如还有附加化学成分时，附加化学成分直接用元素符号表示，并以短划"—"与前面数字分开。

碳钢焊条和低合金钢焊条型号编制方法如图 6-3-1 所示。

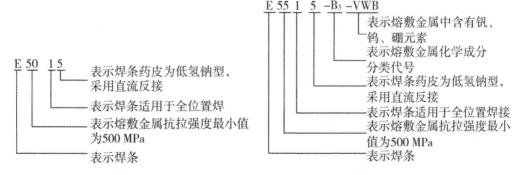

图 6-3-1　碳钢焊条和低合金钢焊条型号编制方法

2. 不锈钢焊条型号编制方法（GB/T 983—1995）（图 6-3-2）。

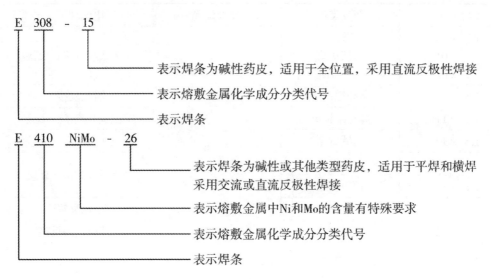

图 6-3-2　不锈钢焊条型号编制

（三）焊前准备

1. 材料：_____

　　设备：_____

　　焊条：_____

2. 坡口清理：

3. 钝边修理：

4. 定位焊及装配：

（四）焊接工艺参数

表6-3-2　焊接工艺参数

焊接层次	焊条直径/mm	焊接电流/A
打底层（1）		
填充层（2、3、4）		
盖面层（5）		

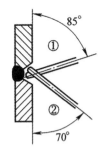

（a）下焊道焊条角度　　　　　（b）下焊道焊条角度

图6-3-3　焊道焊条角度

（五）焊后清理

（六）结合焊接操作完成下列问题

1. 坡口清理的作用有哪些？

2. 留钝边和预留间隙有什么意义？

3. 什么是反变形法？反变形法有什么作用？

（七）焊接质量检验

板－板对接横焊试件外观检查项目及评分标准表

明码号		评分员签名			合计分		实际得分
检查项目	标准、分数	焊缝等级					
		I	II	III	IV		
焊缝余高	标准 /mm	0~2	> 2，≤ 3	> 3，≤ 4	< 0，> 4		
	分数	5	3	1	0		
高低差	标准 /mm	≤ 1	> 1，≤ 2	> 2，≤ 3	> 3		
	分数	5	3	1	0		
焊缝宽度	标准 /mm	> 20，≤ 24	> 24，≤ 25	> 25，≤ 26	≤ 20，> 26		
	分数	5	3	1	0		
宽窄差	标准 /mm	≤ 1.0	> 1.0，≤ 2	> 2，≤ 3	> 3		
	分数	5	3	1	0		
咬边	标准 /mm	0	深度≤ 0.5 且长度≤ 15	深度≤ 0.5 长度> 15，≤ 30	深度> 0.5 或长度> 30		
	分数	8	5	3	0		
气孔	标准 /mm	0	气孔≤ φ1.5 数目：1 个	气孔≤ φ1.5 数目：2 个	气孔> φ1.5 或数目> 2 个		
	分数	5	3	1	0		
错边量	标准 /mm	0	≤ 0.5	> 0.5，≤ 1.0	> 1.0		
	分数	4	2	1	0		
角变形	标准 /mm	0~1	> 1，≤ 3	> 3，≤ 5	> 5		
	分数	5	3	1	0		
焊缝外表成形		优	良	一般	差		
	标准 /mm	成形美观，焊道均匀平直，高低宽窄一致	成形较好，焊道均匀平直，焊缝平整	成形尚可，焊缝平直	焊缝弯曲，高低宽窄明显，有表面焊接缺陷		
	分数	4	2	1	0		

表格最左侧竖排文字：正面

续表

明码号		评分员签名			合计分	
反面	焊缝高度	标准/mm	0~3	>3		
		分数	5	0		
	咬边	标准/mm	无	有		
		分数	5	0		
	气孔	标准/mm	无	有		
		分数	5	0		
	反面成形	标准/mm	优	良	一般	差
		分数	4	2	1	0
	未焊透	标准/mm	无	有		
		分数	10	0分		
	内凹	标准/mm	无	深度≤0.5	深度>0.5	
		分数	20	每2 mm长扣1分（最多扣20分）	0	
电弧擦伤		标准/mm	无	有		
		分数	5	0		

注：1. 正、反两面满分为100分，评分后除以2为实际得分。

2. 气孔检查采用5倍放大镜。

3. 表面有裂纹、夹渣、未熔合、焊穿等缺陷之一，外观作0分处理。

4. 焊缝未盖面，焊缝表面及根部有修补或试件做舞弊标记，该项目作0分处理。

（八）焊缝检验后

1. 你在焊接过程中遇到了哪些问题？该如何解决？

2. 你的焊缝有哪些缺陷？你觉得该如何进行防止？

3. 通过不断练习和改进，完成下表。

焊接工艺参数		第一个工件	第二个工件	满意程度及改进措施
焊接电流 /A	第一层			
	填充层			
	盖面层			
焊条直径 /mm	第一层			
	填充层			
	盖面层			
焊接速度				
焊接层数				
坡口角度 / (°)				
除锈情况				
焊条角度 / (°)	第一层			
	填充层			
	盖面层			
每层高度 / (°)	第一层			
	填充层			
	盖面层			

焊接体会：

学习活动 4　工作总结与评价

◇学习目标◇

1. 能按分组情况，分别派代表展示工作成果，说明本次任务的完成情况，并做分析总结。
2. 能结合自身的任务完成情况，正确规范撰写工作总结（心得体会）。
3. 能针对本次任务中出现的问题，提出改进措施。
4. 能对学习与工作进行反思总结，并能与他人开展良好合作，进行有效的沟通。
5. 能按要求，正确规范地完成本次学习活动工作页的填写。

建议学时：4学时。

◇学习过程◇

（一）展示评价

把个人焊接较好的对接焊缝进行分组展示，再由小组推荐代表作必要的介绍。在展示过程中，以组为单位进行评价；评价完成后，根据其他组成员对本组展示的成果评价意见进行归纳总结。完成以下项目：

1. 学生自我评估与总结。

（1）实施本次任务你使用了多长时间？

　　30分钟以内□　　　　　　60分钟以内□　　　　　　60分钟以上□

（2）能否掌握本次任务要求的教学内容？

　　完全掌握□　　　　　大部分能掌握□

　　只能掌握少部分□　　完全不懂□

（3）你觉得自己在小组中发挥的作用是什么？

　　主导作用□　　　　　配合作用□　　　　　　旁观者作用□

（4）你对自己的表现满意吗？

　　很满意□　　　　　　满意□　　　　　　　　不满意□

（5）你完成的任务计划实施结果是否正确？

　　正确□　　　　　　　不正确□

2. 小组评估与总结。

（1）你小组的实训内容能按时完成吗？

　　能□　　　　　　　　不能□

（2）你小组的实训结果正确吗？

完全正确□　　　　大部分正确□　　　　小部分正确□

（3）小组分工、配合是否良好？

好□　　　　　　一般□

3．各小组派代表展示：

（1）任务技术要求、绘制的图样、注意事项、任务成果进行展示并讲解分析。

（2）其他小组提出的改进建议：

4．教师对展示的作品分别作评价：

（1）对各组学生完成任务的表现，给予综合评价。

（2）对任务完成过程中各组的缺点进行点评，提出改进方法。

（3）对整个任务完成中出现的亮点进行点评。

（二）请你写出工作过程的心得体会（不少于300字）

（三）评价表

班级_____　学生姓名_____　学号_____

项目	自我评价／分			小组评价／分			教师评价／分		
	9~10	6~8	1~5	9~10	6~8	1~5	9~10	6~8	1~5
	占总评分10%			占总评分20%			占总评分70%		
学习活动1									
学习活动2									
学习活动3									
学习活动4									
能力表达									
协作精神									
纪律观念									
工作态度									
任务总体表现									
小结									
总评分									

任课教师：　　　　　　　　　　　年　　月　　日

学习任务七　小管滚动焊单面焊接双面成形

◇**学习目标**◇

1. 查阅资料，了解常压管道的相关知识。
2. 能编写小管滚动焊单面焊接双面成形焊接工艺参数。
3. 能进行小管滚动焊单面焊接双面成形焊接。
4. 能区分常见焊接缺陷及其产生原因。
5. 能安全文明生产。

◇**建议课时**◇

10 学时。

◇**学习任务描述**◇

某厂有一批管件余料，由于材料紧缺，需对接起来使用。将材料下发到焊接车间进行对接，要求在 3 天内完成任务并将完成的工件检验合格后交到材料室。

◇**工作流程与活动**◇

学习活动 1　小管滚动焊单面焊接双面成形相关知识学习（2 学时）
学习任务 2　接受工作任务、制定焊接工艺（2 学时）
学习任务 3　小管滚动焊单面焊接双面成形的焊接与检验（4 学时）
学习任务 4　工作总结与评价（4 学时）

学习活动 1   小管滚动焊单面焊接双面成形相关知识学习

◇学习目标◇

1. 通过查阅资料了解什么是常压管道。
2. 对查阅的资料，能与组员交流和讨论并进行总结。
3. 了解压力管道的分类。
4. 了解管道及容器焊接的要求。
5. 了解压力容器焊的接规范标准。

建议学时：2 学时。

◇学习过程◇

（一）查阅资料，回答下列问题

1. 什么是常压管道？它的作用有哪些？

2. 什么是压力管道？它的分类有哪些？

3. 管道和压力容器的焊接有哪些要求？

学习活动 2　接受工作任务、制定焊接工艺

◇学习目标◇

1. 了解单面焊接双面成形的技术要求。
2. 熟悉和掌握焊条角度对影响焊接质量的重要性。
3. 掌握小管焊接的工艺参数的选择。
4. 熟悉焊接质量对管道焊接的影响。
5. 能制定出合理的小管滚动焊单面焊双面成形焊接工艺。

建议学时：2 学时。

◇学习过程◇

1. 到老师处领取焊接装配图（图 7-2-1），阅读装配图后回答问题。

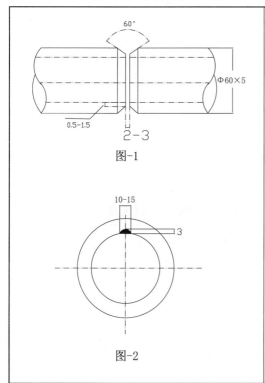

要求：
1. 采用 V 形坡口对接小管单面焊双面成形
2. 焊缝根部间隙为 2~3 mm，钝边为 1 mm，坡角度为 60°
3. 点固点为 2 点
4. 可转动焊接

图 7-2-1　焊接装配图

2. 从装配图中你知道了哪些信息？

3. 阅读装配图后，分组讨论焊接工艺并填写焊工工艺卡。

焊接工艺卡

单位名称		焊接工艺卡	产品名称	板—板横对接焊单面焊接双面成形	数量	40件		第 页
材料种类	Q235	材料成分		毛坯尺寸				共 页
工序	工序名称	工序内容		车间	设备	工具	量具	计划工时	实际工时
1									
2									
3									
4									
5									
6									
7									
8									
更改号				拟定		校正	审核	批准	
更改者									
日期									

4. 根据你所制定的焊接工艺，领取焊接材料、工具并填写工具、材料清单。

_____组借用（领用）工具清单

序号	名称	规格	数量	签名	备注

_____组领用材料清单

序号	名　称	规格	数量	签　名	备注

　5．把你们组编写的工艺展示给其他小组，并根据其他小组所编写的焊接工艺对你们组的焊接工艺进行合理的改进。

学习活动 3　小管滚动焊单面焊接双面成形的焊接与检验

◇学习目标◇

1. 能进行小管滚动焊接单面焊接双面成形操作。
2. 能结合焊接操作实际，焊接工艺及调整焊接工艺参数。
3. 能进行自检。
4. 能安全文明生产。
5. 能利用评分表进行自我评定。

建议学时：4学时。

◇学习过程◇

1. 了解小管焊接的运条方法。

由于小管外表为弧形，焊接时金属易向下流淌，需控制好金属的流动及熔池的大小。小管水平转动焊接是小管对接焊中最容易操作的一种焊接位置，容易保障质量，生产率也较高，但由于它受工件形式和施工条件的限制，应用范围较小。

2. 焊前坡口的清理、修磨钝边。

由于要求小管单面焊接双面成形，为保证背面的成形效果，小管加工时必须加工钝边及坡口。具体要求为：单件管子倒角30°，两件组合后为60°，清除坡口面及其端部内外表面两侧20 mm范围内的油、锈及其它污物，直至露出金属光泽。

3. 对接小管及间隙的调整。

将管子置于胎具或相应的组对辅具上进行装配、点焊。以不出现错位、不同轴等现象为合格。装配间隙为3 mm，钝边为1 mm。采用两点定位，采用与焊件相同牌号的焊条进行点焊，焊点长度为10~15 mm，点焊缝应保证焊透和无焊接缺陷，将固定点的两端预先打磨成斜坡以便于接头。错变量小于0.5 mm。

4. 焊接工艺参数的选择，如表7-3-1。

表7-3-1　焊接参数

焊接层次	焊条直径（mm）	焊接电流（A）
打底层	2.5	75~85
填充层	3.2	120~145

续表

焊接层次	焊条直径 /mm	焊接电流 /A
盖面层	3.2	130

5. 焊条角度的变化规律及焊接手法的运用。

保持在立焊位焊接，有利于背面成形及各层焊接质量的保障，纹路均匀，成形良好，但要控制好熔池的大小及引弧点的位置。本方法较易学。

6. 在焊接过程中有哪些注意事项？

7. 检测（考核）评分表。

管试件外观检查项目及评分标准

明码号			评分员签名		合计分		
检查项目	标准、分数	焊缝 等级				实际得分
		I	II	III	IV	
正面	焊缝余高	标准 /mm	0~1	> 1，≤ 2	> 2，≤ 3	> 3，< 0	
		分数	5	3	1	0	
	高低差	标准 /mm	0~1	> 1，≤ 2	> 2，≤ 3	> 3	
		分数	5	3	1	0	
	焊缝宽度	标准 /mm	> 14，≤ 17	> 17，≤ 18	> 18，≤ 20	≤ 14，> 20	
		分数	5	3	1	0	
	宽窄差	标准 /mm	0~1	> 1，≤ 2	> 2，≤ 3	> 3	
		分数	7	5	3	0	
	咬边	标准 /mm	0	深度≤ 0.5 且长度≤ 10	深度≤ 0.5 长度> 10，≤ 20	深度> 0.5 或长度> 20	
		分数	8	5	3	0	
	气孔	标准 /mm	0	气孔≤ φ1.5 数目：1 个	气孔≤ φ1.5 数目：2 个	气孔> φ1.5 或数目> 2 个	
		分数	5	3	1	0	
	角变形	标准 /mm	0	≤ 0.5	> 0.5，≤ 1	> 1	
		分数	3	2	1	0	
	表面成形	标准 /mm	优	良	一般	差	
			成形美观，鱼鳞均匀细密，高低宽窄一致	成形较好，鱼鳞均匀，焊缝平整	成形尚可，焊缝平直	焊缝弯曲，高低宽窄明显，有表面焊接缺陷	
		分数	7	5	3	0	

续表

明码号				评分员签名		合计分	
反面	焊缝高度	标准/mm	0~3	>3 或<0			
		分数	5	0			
	咬边	标准/mm	无	有			
		分数	5	0			
	气孔	标准/mm	无	有			
		分数	5	0			
	反面成形	标准/mm	优	良	一般	差	
		分数	5	3	1	0分	
	未焊透	标准/mm	无	有			
		分数	10	0			
	内凹	标准/mm	无	深度≤0.5	深度>0.5		
		分数	15	每2mm长扣1分（最多扣15分）	0		
	焊瘤	标准/mm	无	有			
		分数	5	0			
电弧擦伤		标准/mm	无	有			
		分数	5	0			

注：1. 正、反两面满分为100分，评分后除以2为实际得分。

2. 气孔检查采用5倍放大镜。

3. 表面有裂纹、夹渣、未熔合等缺陷之一，外观作0分处理。

4. 焊缝未盖面、焊缝表面及根部经修补或试件做舞弊标记的，该单项作0分处理。

5. 未焊透由射线判定，外观组评分。

8. 焊缝检验后。

（1）你在焊接过程中遇到了哪些问题？该如何解决？

（2）你的焊缝有哪些缺陷？你觉得该如何进行防止？

（3）通过不断练习和改进，完成下表。

焊接工艺参数		第一个工件	第二个工件	满意程度及改进措施
焊接电流 /A	第一层			
	填充层			
	盖面层			
焊条直径 /mm	第一层			
	填充层			
	盖面层			
焊接速度				
焊接层数				
坡口角度				
除锈情况				
焊条角度	第一层			
	填充层			
	盖面层			
每层高度	第一层			
	填充层			
	盖面层			

焊接体会：

学习活动 4　工作总结与评价

◇学习目标◇

1. 能按分组情况，分别派代表展示工作成果，说明本次任务的完成情况，并做分析总结。

2. 能结合自身的任务完成情况，正确规范撰写工作总结（心得体会）。

3. 能针对本次任务中出现的问题，提出改进措施。

4. 能对学习与工作进行反思总结，并能与他人开展良好合作，进行有效的沟通。

5. 能按要求正确规范地完成本次学习活动工作页的填写。

建议学时：4 学时。

◇学习过程◇

（一）展示评价

把个人焊接较好的小管进行分组展示，再由小组推荐代表作必要的介绍。在展示过程中，以组为单位进行评价；评价完成后，根据其他组成员对本组展示的成果评价意见进行归纳总结。完成以下项目：

1. 学生自我评估与总结。

（1）实施本次任务你使用了多长时间？

　　30 分钟以内□　　　　　60 分钟以内□　　　　　60 分钟以上□

（2）你能否掌握本次任务要求的教学内容？

　　完全掌握□　　　　大部分能掌握□

　　只能掌握少部分□　　完全不懂□

（3）你觉得自己在小组中发挥的作用是什么？

　　主导作用□　　　　　配合作用□　　　　　旁观者作用□

（4）你对自己的表现满意吗？

　　很满意□　　　　　满意□　　　　　　不满意□

（5）你完成的任务计划实施结果是否正确？

　　正确□　　　　　　　不正确□

2. 小组评估与总结。

（1）你小组的实训内容能按时完成吗？

　　能□　　　　　　　不能□

（2）你小组的实训结果正确吗？

完全正确□　　　　大部分正确□　　　　小部分正确□

（3）小组分工、配合是否良好？

好□　　　　　一般□

3. 各小组派代表展示。

（1）任务技术要求、绘制的图样、注意事项、任务成果进行展示并讲解分析。

（2）其他小组提出的改进建议。

4. 教师对展示的作品分别作评价

（1）对各组学生完成任务的表现，给予综合评价。

（2）对任务完成过程中各组的缺点进行点评，提出改进方法。

（3）对整个任务完成中出现的亮点进行点评。

（二）请你写出工作过程的心得体会（不少于300字）

（三）评价表

班级_____　学生姓名_____　学号_____

项目	自我评价			小组评价			教师评价		
	9~10	6~8	1~5	9~10	6~8	1~5	9~10	6~8	1~5
	占总评分10%			占总评分20%			占总评分70%		
学习活动1									
学习活动2									
学习活动3									
学习活动4									
能力表达									
协作精神									
纪律观念									
工作态度									
任务总体表现									
小结									
总评分									

任课教师：　　　　　　　　　　　　　　　年　　月　　日

学习任务八　金属材料的下料及坡口切割

◇**学习目标**◇

1. 能识读生产派工单、任务书及工艺卡上的相关信息。

2. 能叙述氧 – 乙炔火焰切割、等离子切割的工作原理及其特点。

3. 能熟识常用金属材料的切割性能。

4. 能按照国家标准《焊接与切割安全》检查场地安全，准备工量具、材料及设备。

5. 能进行作业计划与切割工艺的制定。

6. 能熟练使用角磨机、直磨机等修磨工具。

7. 能按图纸进行正确划线与放样。

8. 能正确叙述常见坡口的加工方法和要求。

9. 能熟识火焰切割、等离子切割工艺参数的选择原则。

10. 能够按照工艺参数进行氧 – 乙炔火焰切割的操作。

11. 能熟识常见的加工缺陷（挂渣、表面不齐等）。

12. 能熟识加工缺陷的产生原因及防护措施。

13. 能依据"7S"标准，清理、清扫工作现场，整理工作区域的设备、工具，正确回收和处理边角料。

◇**建议课时**◇

30 学时。

◇**学习任务描述**◇

焊割车间接到一批工字梁的板材下料任务，工字梁由 2 块规格为 350 mm × 300 mm × 10 mm、2 块规格为 150 mm × 300 mm × 10 mm、1 块规格为 500 mm × 200 mm × 10 mm 的钢板组成（图 1）。要求采用火焰切割方法完成下料和坡口加工，350 mm × 300 mm × 10 mm 钢板开 30° 坡口的加工工作。制定出工作计划，并在 2 天内完成下料任务。

图 8-1 工字梁

◇**工作流程与活动**◇

学习活动 1　明确工作任务（3 学时）。
学习活动 2　加工前的准备（8 学时）
学习活动 3　切割加工（12 学时）
学习活动 4　自检与修整（4 学时）
学习活动 5　总结与评价（3 学时）

学习活动 1　明确工作任务

◇**学习目标**◇

1. 能识读生产派工单、工艺卡上的信息，明确工作任务的内容及要求。
2. 能进行资料查询或网络搜索，获取相关信息。
3. 能严格按照金属热切割作业安全操作规程完成任务。

建议学时：3 学时。

◇学习过程◇

一、识读装配图，阅读生产任务单，明确加工任务

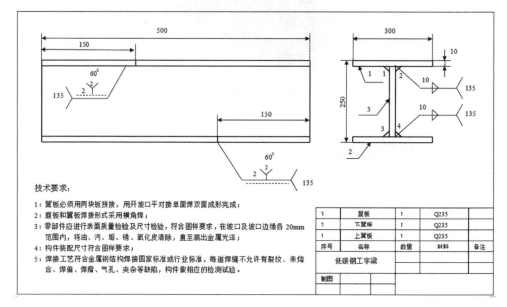

图 8-1-1　装配图

技术要求：

1：翼板必须用两块板拼接，用开坡口平对接单面焊双面成形完成；

2：腹板和翼板焊接形式采用横角焊；

3：零部件应进行表面质量检验及尺寸检验，符合图样要求，在坡口及坡口边缘各 20mm 范围内，将油、污、垢、锈、氧化皮清除，直至漏出金属光泽；

4：构件装配尺寸符合图样要求；

5：焊接工艺符合金属钢结构焊接国家标准或行业标准，每道焊缝不允许有裂纹、未熔合、焊偏、焊瘤、气孔、夹杂等缺陷，构件做相应的检测试验。

3	腹板	1	Q235	
2	下翼板	1	Q235	
1	上翼板	1	Q235	
序号	名称	数量	材料	备注
	低碳钢工字梁			
制图				

表 8-1-1　生产任务单

开单部门	焊割车间			开单人	
开单时间	年　月　日			接单人	
任务名称	下料及坡口的加工			完成工时	2 天
加工任务	序号	材料	数量	规格 /mm	技术要求
	1	翼板 1	2 件	350×300×10	按图样要求
	2	翼板 2	2 件	150×300×10	按图样要求
	3	腹板	1 件	500×200×10	按图样要求
	4				
自检情况					（签名） 年 月 日
验收情况					（签名） 年 月 日

作业1：根据装配图和生产任务单，切割加工材料为_____，通过查找教科书或上网搜查，查找相应知识点请大家讨论此种材料能否用火焰切割吗？

讨论记录：

_____

_____

_____

_____

作业2：由图8-1-1可知，此根工字梁是由_____块翼板_____块腹板组成，翼板由两块板拼焊而成，对吗？

二、阅读工艺卡片

表8-1-2 翼板下料工艺卡（1）

工艺卡	产品名称	工字梁	材料种类	低碳钢	切割方法	火焰切割
	零件名称	翼板1	材料成分	Q235	数量	2
下料尺寸	350×300×10（mm）		坡口加工	单边V形30°		
下料图						
技术标准	1. 下料尺寸允差 ±3 mm；					
	2. 下料后保证切割面垂直 90°±2°					
	3. 切割后断面应平整光洁，无明显沟槽或局部缺陷					
	4. 坡口加工保证角度偏差 ±2°，钝边尺寸偏差 ±0.2 mm					

下料图：

350

10

5:1

30°

2

300

技术要求：

1. 切割方法：火焰切割

2. 材质：Q235

3. 坡口：单边V形30°

表 8-1-3 翼板下料工艺卡（2）

工艺卡	产品名称	工字梁	材料种类	低碳钢	切割方法	火焰切割
	零件名称	翼板 2	材料成分	Q235	数量	2
下料尺寸	150×300×10（mm）		坡口加工	单边 V 型 30°		

下料图	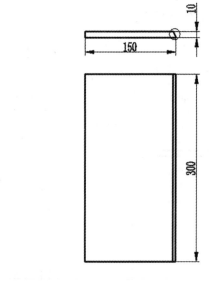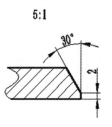 **技术要求：** 1. 切割方法：火焰切割 2. 材质：Q235 3. 坡口：单边V形30°
技术标准	1.下料尺寸允差 ±3 mm
	2.下料后保证切割面垂直 90°±2°
	3.切割后断面应平整光洁，无明显沟槽或局部缺陷
	4.坡口加工保证角度偏差 ±2°，钝边尺寸偏差 ±0.2 mm

表 8-1-4 腹板下料工艺卡（3）

工艺卡	产品名称	工字梁	材料种类	低碳钢	切割方法	火焰切割
	零件名称	腹板	材料成分	Q235	数量	2
下料尺寸			坡口加工		不需要	
下料图						
技术标准	1. 下料尺寸允差 ±3 mm					
	2. 下料后保证切割面垂直 90°±2°					
	3. 切割后断面应平整光洁，无明显沟槽或局部缺陷					

下料图（500 × 200 × 10）

技术要求：
1. 切割方法：火焰切割
2. 材质：Q235

作业 3：根据装配图、生产任务单、工艺卡，总结我们的切割加工任务。

切割板材	材质	数量	规格	是否开坡口
翼板 1				
翼板 2				
腹板				

作业 4：坡口是_____形，单边_____°，钝边_____mm。

作业 5：请每个小组手工绘制一种板材的草图（请标注尺寸）。由老师评判、点评每个小组对切割加工板材形状和尺寸掌握的准确性。

三、评价

教师评价重点是评价学生对装配图、生产任务单、工艺卡的识读、掌握情况，是否明确了生产任务。

各个小组可以通过不同的形式展示本组学员对本学习活动的理解，本人完成"自我评价"，本组组长完成"小组评价"内容，课余时间教师完成"教师评价"内容。

表 8-1-5 评价表

序号	项目	自我评价			小组评价			教师评价		
		8~10	6~7	1~5	8~10	6~7	1~5	8~10	6~7	1~5
1	学习兴趣									
2	现场勘察效果									
3	遵守纪律									
4	观察分析能力									
5	准备充分、齐全									
6	协作精神									
7	时间观念									
8	仪容仪表符合活动要求									
9	沟通能力									
10	工作效率与工作质量									
	总评									

学习活动 2　加工前的准备

◇学习目标◇

1. 能按要求准备火焰切割主要设备、工具，并能正确填写工具表单。
2. 能按照国家标准《焊接与切割安全》（GB9448 — 1998）检查场地。
3. 能根据派工单和任务卡提供的信息，合理制定作业计划。

建议学时：8 学时。

◇学习过程◇

一、氧－乙炔火焰切割设备、工具的认识与使用安全

小作业 1：氧气瓶外表是_____色，并标注_____色的"氧气"字样；乙炔瓶外表是_____色，并标注_____色"乙炔"字样。

小作业 2：氧气管为_____色，乙炔管为_____色。

二、《焊接与切割安全》部分安全知识

乙炔（C_2H_2）是最简单的炔烃，为易燃、易爆气体。在液态、固态下或在气态与一定压力下有猛烈爆炸的危险，受热、震动、电火花等因素都可以引起爆炸，因此不能在加压液化后贮存或运输。难溶于水，易溶于丙酮，在 15℃和总压力为 15 大气压时，在丙酮中的溶解度为 237 g/L，溶液是稳定的。因此，工业上是在装满石棉等多孔物质的钢桶或钢罐中，使多孔物质吸收丙酮后将乙炔压入，以便贮存和运输。

小作业 3：乙炔（C_2H_2）是易燃、_____气体，难溶于水，易溶于_____，乙炔瓶中装有多孔性填料和溶剂丙酮，故乙炔瓶必须直立放置。

三、氧气瓶使用安全规程

1. 氧气瓶应戴好安全防护帽，竖直安放在固定的支架上，要采取避免日光曝晒的措施。

2. 氧气瓶里的氧气，不能全部用完，必须留有剩余压力，严防乙炔倒灌引起爆炸。尚有剩余压力的氧气瓶，应将阀门拧紧，注上"空瓶"标记。

3. 氧气瓶附件有缺损、阀门螺杆滑丝时，应停止使用。

4. 禁止用沾染油类的手和工具操作氧气瓶，以防引起爆炸。

5. 氧气瓶不能强烈碰撞。禁止采用抛、摔及其它容易引撞击的方法进行装卸或搬运。严禁用电磁起重机吊运。

6. 在开启瓶阀和减压器时，人要站在侧面；开启的速度要缓慢，防止有机材料零件温度过高或气流过快产生静电火花而造成燃烧。

7. 冬天，氧气瓶的减压器和管系发生冻结时，严禁用火烘烤或使用铁器一类的东西猛击气瓶，更不能猛拧减压表的调节螺丝，以防止氧气突然大量冲出，造成事故。

8. 氧气瓶不得靠近热源，与明火的距离一般不得小于 10 m。

9. 禁止使用没有减压器的氧气瓶，气瓶的减压器应有专业人员修理。

四、乙炔瓶使用安全规程

（一）使用

1. 乙炔瓶应装设专用的回火防止器、减压器，对于工作地点不固定、移动较多的，应装在专用小车上。

2. 严禁敲击、碰撞和施加强烈的震动，以免瓶内多孔性填料下沉而形成空洞，影响乙炔的储存。

3. 乙炔瓶应直立放置，严禁卧放使用。因为卧放使用会使瓶内的丙酮随乙炔流出，甚至会通过减压器而流入橡皮管，这是非常危险的。

4. 要用专用扳手开启乙炔气瓶。开启乙炔瓶时，操作者应站在阀口的侧后方，动作要轻缓。瓶内气体严禁用尽。冬天应留 0.1~0.2 Mpa，夏天应留有 0.3 Mpa 的剩余压力。

5. 使用压力不得超过 0.15 Mpa，输气速度不应超过 $1.5 \sim 2 \ m^3/$ 时·瓶。

6. 乙炔瓶体温度不应超过 40℃，夏天要避免曝晒。因瓶内温度过高会降低丙酮对乙炔的溶解度，而使瓶内乙炔的压力急剧增加。

7. 乙炔瓶不得靠近热源和电气设备。与明火的距离一般不小于 10 m（高空作业时应按与垂直地面处的两点间距离计算）。

8. 瓶阀冬天冻结时，严禁用火烤，必要时可用 40℃ 以下的热水解冻。

9. 乙炔减压器与瓶阀之间连接必须可靠，严禁在漏气的情况下使用，否则会形成乙炔与空气的混合气体，一旦触及明火就会立刻爆炸。

10. 严禁放置在通风不良及有放射线的场所使用，且不得放在橡胶等绝缘物上。使用时乙炔瓶和氧气瓶应距离 10 m 以上。

11. 如发现气瓶有缺陷，操作人员不得擅自进行修理，应通知安全督导员送回气体厂处理。

（二）储存

1. 使用乙炔瓶的现场，储存量不得超过 5 瓶；超过 5 瓶不超过 20 瓶的，应在现场或车间内用非燃烧或难燃体、墙隔成单独的储存间，应有一面靠外墙；超过 20 瓶，应设置乙炔瓶库；储存量不超过 40 瓶的乙炔瓶库，可与耐火等级不低于二级的生产厂房毗连建造，其毗连的墙应是无门、窗和洞的耐火墙，并严禁任何管线通过。

2. 储存间与明火或散发火花地点的距离，不得小于 15m，且不应设在地下室或半地下室内。

3. 储存间应有良好的通风降温等设施，要避免阳光直射，要保证运输道路畅通，在其附近设有消防栓和干粉或二氧化碳灭火器（严禁使用四氯化破灭火器）。

（三）运输

1. 吊装搬运时，应使用专用夹具和防震运输车，严禁用电磁起重机和链绳吊装搬运。

2. 应轻装轻卸，严禁抛、滚、滑、碰等。

3. 车船装运应妥善固定。汽车装运乙炔瓶横向排放时，要头部朝向一方，且不得超过车厢的高度；直立排放时，车厢的高度不得低于瓶高的三分之二。

4. 夏天要有遮阳设施，防止曝晒，炎热天气应避免白天运输。

5. 车上禁止烟火，并应备有干粉或二氧化碳灭火器（严禁使用四氯化碳灭火器）。

6. 严禁与氯气瓶及易燃物品同车运输。

7. 严格遵守交通和公安部门颁布的危险品运输条例及有关规定。

（四）乙炔瓶储存使用时必须直立，不能卧放的原因

1. 乙炔瓶装有填料和溶剂（丙酮），卧放使用时，丙酮易随乙炔气流出，不仅增加丙酮的消耗量，还会降低燃烧温度而影响使用，同时会产生回火而引发乙炔瓶爆炸事故。

2. 乙炔瓶卧放时，易滚动，瓶与瓶、瓶与其它物体易受到撞击，形成激发能源，导致乙炔瓶事故的发生。

3. 乙炔瓶配有防震胶圈，其目的是防止其在装卸、运输、使用中相互碰撞。胶圈是绝缘材料，卧放即等于乙炔瓶放在电绝缘体上，致使气瓶上产生的静电不能向大地扩散，聚集在瓶体上，易产生静电火花，当有乙炔气泄漏时，极易造成燃烧和爆炸事故。

4. 使用时，乙炔瓶瓶阀上装有减压器、阻火器，连接有胶管，因卧放易滚动，滚动时易损坏减压器、阻火器或拉脱胶管，造成乙炔气向外泄放，导致燃烧爆炸。基于以上原因，乙炔瓶必须直立。

小作业 4：高纯度氧气与机油能迅速化合发生爆炸，所以禁止用沾染油类的手、手套和工具操作气瓶，以防引起_____，气瓶不得接触油污。

小作业 5：乙炔瓶储存、使用时必须_____放置，不能_____。

五、氧气、乙炔安全使用管理办法

为规范氧气、乙炔瓶安全使用，加强易燃易爆物品的管理，避免出现氧气、乙炔安全事故，特制定该办法。

1. 氧气、乙炔瓶进场后应分开放置，严禁在同一处存放，存放处必须保证空气畅通，气瓶不得接触油污，严禁和易燃物、易爆物混放在一起，不准靠近带电电线。

2. 用完的氧气、乙炔空瓶应做明标记，并分开摆放。

3. 氧气瓶和乙炔瓶不得同车运输，运输前应旋紧瓶帽。应轻装轻卸，严禁抛、滑

或碰击。运输过程中应检查氧气、乙炔瓶的防震圈是否配备齐全、合格。

4. 气瓶在存放或使用过程中，严禁靠近热源，乙炔瓶必须直立放置，不准横躺卧放，以防丙酮流出引起燃烧爆炸，并应有防止倾倒的措施。

5. 气瓶在使用过程中，两气瓶间距应大于 5 m，与明火间距应大于 10 m，使用中必须配备氧气瓶帽、防振圈、压力表、回火阀，现场配备灭火器。

6. 严禁非专业人员操作氧气、乙炔瓶。

7. 气瓶严禁抛掷或剧烈滚动，不得安放在可能产生火星的电气设备旁。

8. 室外使用时必须做好防晒防淋防护，严禁在太阳下暴晒。冬天使用气瓶冻结时，严禁用明火烘烤或用金属敲击瓶阀。

9. 氧气、乙炔瓶着火时，应立即关闭瓶阀，使火自行熄灭，可用二氧化碳、干粉灭火器灭火，不得使用水、泡沫或四氯化碳灭火器。切忌严禁用铺盖法进行灭火。

10. 氧气软管着火时，不得折弯软管断气，应迅速关闭氧气阀门，停止供氧；乙炔软管着火时，应先关熄炬火，可采取折弯前面一段软管的办法来将火熄灭。

11. 使用中应随时观察气瓶、胶管状态，有无漏气现象，并保持喷口畅通。

12. 乙炔气瓶的使用压力不得超过 0.147 MPa（1.5 kgf/cm^2），输气流速每瓶不得超过 1.5~2 m/h。

13. 气瓶内的气体不得全部用尽，氧气瓶应留有 0.2 MPa（2 kgf/cm^2）的剩余压力；乙炔气瓶必须留有不低于规定的剩余压力。

小作业 6：氧气瓶和乙炔瓶不得_____运输，运输前应旋紧瓶帽。搬运氧气瓶、乙炔瓶时应轻装轻卸，严禁抛、滑或_____。氧气、乙炔瓶进场后应_____，严禁在同一处存放。

六、氧 – 乙炔焰的性质及适用范围

氧 – 乙炔焰：氧与乙炔混合燃烧所形成的火焰。通过调节氧气阀门和乙炔阀门，可改变氧气和乙炔的混合比例得到三种不同的火焰：中性焰、氧化焰和碳化焰（图8-2-1）。

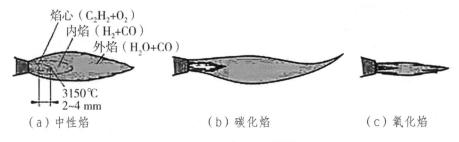

图 8-2-1　氧 – 乙炔焰

（1）$\dfrac{O_2}{C_2H_2}$ =1.1~1.2 时，燃烧形成中性焰，此时既无过量的氧，也无游离的碳。

正常焰。

（2）$\dfrac{O_2}{C_2H_2}$ <1.1 时，燃烧形成碳化焰，此时有过量游离碳，具有较强的还原作用。

（3）$\dfrac{O_2}{C_2H_2}$ >1.2 时，燃烧形成氧化焰，此时有过量的氧，具有较强的氧化作用。

小作业 7：请每个小组通过调节焊炬、割炬上的氧气阀门和乙炔阀门，改变氧气和乙炔的混合比例得到三种不同的火焰，请大家仔细观察中性焰、氧化焰和碳化焰区别。氧 – 乙炔焰由焰心、_____、_____组成。

小作业 8：氧化焰具有_____作用；碳化焰_____作用。

七、评价

各个小组可以通过不同的形式展示本组学员对本学习活动的理解，本人完成"自我评价"，本组组长完成"小组评价"内容，课余时间教师完成"教师评价"内容。

表 8-2-1 评价表

序号	项目	自我评价			小组评价			教师评价		
		8~10	6~7	1~5	8~10	6~7	1~5	8~10	6~7	1~5
1	学习兴趣									
2	现场勘察效果									
3	遵守纪律									
4	观察分析能力									
5	准备充分、齐全									
6	协作精神									
7	时间观念									
8	仪容仪表符合活动要求									
9	沟通能力									
10	工作效率与工作质量									
	总评									

学习活动 3 切割加工

◇学习目标◇

1. 能熟识划线的基本知识。
2. 能正确使用石笔、划针等划线工具。
3. 能正确选择及调整火焰切割工艺参数。
4. 能查阅《焊接技术手册》，熟识坡口的外观及加工要求。
5. 能熟练使用火焰切割工具及设备。
6. 能图纸要求完成低碳钢板材单边 30° 坡口的切割。
7. 能在切割过程中，严格执行工作计划和工艺流程。
8. 能遵守操作规范，保证质量，符合经济性和环保要求完成切割任务。

建议学时：12 学时。

◇学习过程◇

一、划线工具的认识与使用方法

写出下表 8-3-1 中常用划线工具的名称（上网络查找）。

表 8-3-1 划线工具

工具	划针 合金头规针	
名称		
工具		
名称		

续表

名称		
工具	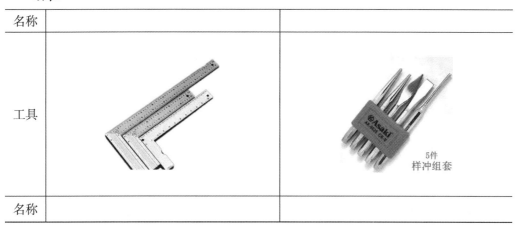	
名称		

5件
样冲组套

　　划线的基本要求：线条清晰匀称，定型、定位尺寸准确。考虑到线条宽度等因素，一般要求精度达到 0.25~0.5 mm。应当注意，工件的加工精度不能完全有划线确定，而应该在加工过程中通过测量来保证。

二、操作准备

　　（一）气割工具、设备的准备和安装
　　将准备好的气割设备安装好，并确保安全。安装必须在有老师指导的前提下操作，图 8-3-1 所示为气割设备的安装。

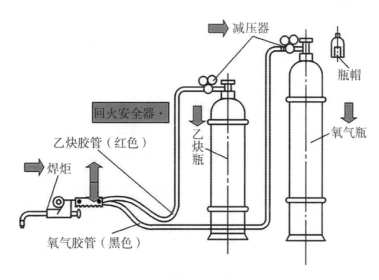

图 8-3-1　气割设备的安装

　　小作业 1：氧气管为＿＿＿＿＿＿色，乙炔管为＿＿＿＿＿＿色，氧气管孔径＿＿＿＿＿＿为＿＿＿＿＿＿mm，乙炔管孔径为＿＿＿＿＿＿mm。

小作业 2：将气割设备安装好后，需要检查漏气吗？怎样检查？

（二）材料的准备

准备好板料并将其垫平、垫牢。

三、操作步骤

（一）按图样划出切割线

根据板材的大小，按我们接受的板材尺寸合理布置放样，节约材料，划线。

（二）切割

要保证气割质量，气割工艺参数的选择非常重要。

氧乙炔切割的参数主要包括气体压力、切割速度、预热火焰的能率、割嘴与割件之间的倾角以及割嘴离割件表面的距离。

表 8-3-2

工作厚度 /mm	割炬型号	割嘴号码	氧气压力 /MPa	乙炔压力 /MPa
3~12	GD1-30	1~2	0.4~0.5	0.02~0.04
12~30	GD1-30	2~3	0.5~0.7	0.03~0.05
30~50	GD1-100	3~5	0.5~0.7	0.04~0.06
50~100	GD1-100	5~6	0.6~0.8	0.05~0.08

表 8-3-3 氧 - 乙炔预热火焰的功率与板厚的关系

板厚 /mm	火焰功率 / (L.min^{-1})
3-25	4-8.3
25-30	9.2-12.5
50-100	12.5-16.7
100-200	16.7-20
200-300	20-21.7

表 8-3-4　气体火焰切割选定预热时间的经验数据

板厚 /mm	预热时间 /s	板厚 /mm	预热时间 /s
20	6–7	150	25–28
50	9–10	200	30–35
100	15–17	—	—

表 8-3-5　气体火焰切割选定预热时间的经验数据

板厚 /mm	切割氧压力 /MP
3–12	0.4–0.5
12–30	0.5–0.6
30–50	0.5–0.7
50–100	0.6–0.8
100–150	1.0–1.4

（三）加工坡口

按图纸加工出板材上的坡口。

小作业 3：腹板需要加工坡口吗？

四、加工完成后关电、关气

能依据"7S"标准，清理、清扫工作现场，迅速关电、关气，确保安全生产。

五、评价

各个小组可以通过不同的形式展示本组学员对本学习活动的理解，本人完成"自我评价"，本组组长完成"小组评价"内容，课余时间教师完成"教师评价"内容。

表 8-3-6 评价表

序号	项目	自我评价			小组评价			教师评价		
		8~10	6~7	1~5	8~10	6~7	1~5	8~10	6~7	1~5
1	学习兴趣									
2	遵守纪律									
3	现场环境准备情况									
4	切割工艺									
5	所用工具的正确使用与维护保养									
6	切割规程符合规范									
7	安全操作规范									
8	协作精神									
9	查阅资料的能力									
10	工作效率与工作质量									
	总评									

学习活动 4　自检与修整

◇**学习目标**◇

1. 能正确检测常见的切割缺陷（挂渣、表面不齐等）。
2. 能正确分析加工缺陷产生的原因，并能制定改进措施。
3. 能熟练使用角磨机等修磨工具。
4. 能依据"7S"标准，清理、清扫工作现场，整理工作区域的设备、工具，正确回收和处理边角料。

建议学时：4 学时。

◇**学习过程**◇

一、割件的质量检查及加工缺陷

1. 测量割件的各部位尺寸是否符合图样要求。
2. 检查气割切口表面是否平整干净，割纹是否均匀一致。
3. 检查切口边缘是否有熔化现象，氧化物是否易于清除。
4. 检查切割直线段的直线度。

二、加工缺陷产生的原因及改进措施

（一）上边缘切割质量缺陷

1. 上边缘塌边。

现象：边缘熔化过快，造成圆角塌边。

原因：

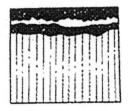

（1）切割速度太慢，预热火焰太强；

（2）割嘴与工件之间的高度太高或太低；使用的割嘴号太大，火焰中的氧气过剩。

2. 水滴状熔豆串。

现象：在切割的上边缘形成一串水滴状的熔豆。

原因：

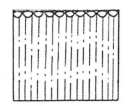

（1）钢板表面锈蚀或有氧化皮；

（2）割嘴与钢板之间的高度太小，预热火焰太强；

（3）割嘴与钢板之间的高度太大。

3．割缝上窄下宽。

现象：割缝上窄下宽，成喇叭状。

原因：

（1）切割速度太快，切割氧压力太高；

（2）割嘴号偏大，使切割氧流量太大；

（3）割嘴与工件之间的高度太大；

4．切割断面凹陷。

现象：在整个切割断面上，尤其中间部位有凹陷。

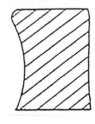

原因：

（1）切割速度太快；

（2）使用的割嘴太小，切割压力太低，割嘴堵塞或损坏；

（3）切割氧压力过高，风线受阻变坏。

5．切割断面呈现出大的波纹形状。

现象：切割断面凸凹不平，呈现较大的波纹形状。

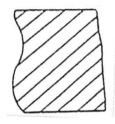

原因：

（1）切割速度太快；

（2）切割氧压力太低，割嘴堵塞或损坏，使风线变坏；

（3）使用的割嘴号太大。

6．切口垂直方向的角度偏差。

现象：切口不垂直，出现斜角。

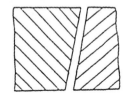

原因：

（1）割炬与工件面不垂直；

（2）风线不正。

7．切口下边缘成圆角。

现象：切口下边缘有不同程度的熔化，成圆角状。

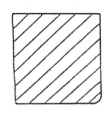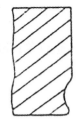

原因：

（1）割嘴堵塞或者损坏，使风线变坏；

（2）切割速度太快，切割氧压力太高。

8．切口下部凹陷且下边缘成圆角。

现象：接近下边缘处凹陷并且下边缘熔化成圆角。

原因：切割速度太快，割嘴堵塞或者损坏，风线受阻变坏。

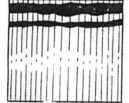

（二）切割断面凹凸不平，即平面度差

1．切割断面上边缘下方，有凹形缺陷。

现象：在接受切割断面上边缘处有凹陷，同时上边缘有不同程度的熔化塌边。

原因：

（1）切割氧压力太高；

（2）割嘴与工件之间的高度太大；割嘴有杂物堵塞，使风线受到干扰变形。

2．割缝从上向下收缩。

现象：割缝上宽下窄。

原因：

（1）切割速度太快；

（2）割嘴与工件之间的高度太大，割嘴有杂物堵塞，使风线受到干扰变形。

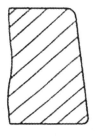
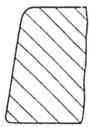

（三）切割断面的粗糙度缺陷

1．切割断面后拖量过大。

现象：切割断面割纹向后偏移很大，同时随着偏移量的大小而出现不同程度的凹陷。

原因：

（1）切割速度太快；

（2）使用的割嘴太小，切割氧流量太小，切割氧压力太低；

（3）割嘴与工件的高度太大。

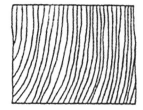

切割方向

2．在切割断面上半部分，出现割纹超前量。

现象：在接近上边缘处，形成一定程度的割纹超前量。

原因：

（1）割炬与切割方向不垂直，割嘴堵塞或损坏；

（2）风线受阻变坏；

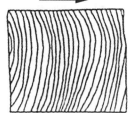

切割方向

3．在切割断面部分，出现割纹超前量太大。

现象：在靠近切割断面下边缘处出现割纹超前量太大。

原因：

（1）割嘴堵塞或损坏，风线受阻变坏；

（2）割炬不垂直或割嘴有问题，使风线不正、倾斜。

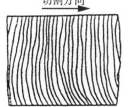

（四）挂渣

1．下边缘挂渣。

现象：在切割断面的下边缘产生连续的挂渣。

原因：

（1）切割速度太快或太慢，使用的割嘴号太小，切割氧压力太低；

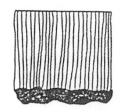

（2）预热火焰中燃气过剩，钢板表面有氧化皮锈蚀或不干净；

（3）割嘴与工件之间的高度太大，预热火焰太强。

2．切割断面上产生挂渣。

现象：在切割断面上有挂渣，尤其在下半部分有挂渣。

原因：合金成分含量太高。

（五）裂纹

现象：在切割断面上出现可见裂纹，或在切割断面附近的内部出现脉动裂纹，或只是在横断面上可见到裂纹。

原因：含碳量或含合金成分太高，采用预热切割法时，工件预热温度不够，工件冷却时间太快，材料冷作硬化。

二、按下料及坡口切割检测表对板材进行检测

表 8-4-1 下料及坡口切割检测表

	考核项目		考核内容及要求	配分	评分标准	检验结果	得分
1	下料	零件的宽度、长度	350 mm × 300 mm × 10 mm 允许偏差 ± 3.0 mm	12	超差不得分		
2			150 mm × 300 mm × 10 mm 允许偏差 ± 3.0 mm	12	超差不得分		
3			500 mm × 300 mm × 10 mm 允许偏差 ± 3.0 mm	12	超差不得分		
4		切割面平面度	0.05t 但不大于 2.0 mm	7	超差不得分		
5		割纹深度	≤ 0.2 mm	7	不符合要求酌情扣 1~6 分		
6		局部缺口深度	≤ 1.0 mm	7	不符合要求酌情扣 1~6 分		
7	坡口	钝边	± 0.2 mm	12	超差不得分		
8		角度	± 3°	12	不符合要求酌情扣 ~12 分		
9		坡口面沟槽	≤ 1 mm	9	不符合要求酌情扣 1~9 分		
						总分	

分组检测结果：_____

交叉检测结果：_____

对不合格板材的处理：_____

三、对设备、工具、工作环境的整理

能依据"7S"标准，清理、清扫工作现场，整理、保养工作区域的设备、工具，正确回收和处理边角废料。

学习活动 5　总结与评价

◇学习目标◇

1. 能按分组情况，分别派代表展示工作成果，说明本次任务的完成情况，并做分析总结。

2. 能结合自身任务完成情况，正确规范撰写工作总结。

3. 能针对本次任务中出现的问题提出改进措施。

4. 能对学习与工作进行反思总结，并能与他人开展良好合作，进行有效的沟通。

5. 通过对整个工作过程的叙述，培养良好的沟通表达能力。

6. 能反思工作过程中存在的不足，为今后的工作积累经验。

建议学时：3 学时。

◇学习过程◇

采用自我评价、小组评价、教师评价三种结合的发展性评价体系。

一、展示评价

把个人制作好的制件先进行分组展示，再由小组推荐代表作必要的介绍。在展示的过程中，以组为单位进行评价；评价完成后，根据其它组成员对本组展示的成果评价意见进行归纳总结。完成如下项目：

1. 展示的产品符合技术标准吗？

　　合格□　　　　不良□　　　　返修□　　　　报废□

2. 与其它组相比，本小组的产品工艺你认为怎么样？

　　工艺优化□　　工艺合理□　　工艺一般□

3. 本小组介绍成果表达是否清晰？

　　很好□　　　　一般，常补充□　　　　　不清晰□

4. 本小组演示产品检测方法操作正确吗？

　　正确□　　　部分正确□　　不正确□

5. 本小组演示操作时遵循了"7S"的工作要求吗？

　　符合工作要求□　　　　　忽略了部分要求□　　完全没有遵循 □

6. 本小组的成员团队创新精神如何？

　　良好□　　　一般 □　　　不足□

7. 总结这次任务？本小组是否达到学习目标？本小组的建议是什么？你给予本小组的评分是多少？

自评小结：

二、评价

各个小组可以通过不同的形式展示本组学员对本学习活动的理解，本人完成"自我评价"，本组组长完成"小组评价"内容，课余时间教师完成"教师评价"内容。

表 8-5-1 评价表

序号	项目	自我评价			小组评价			教师评价		
		8~10	6~7	1~5	8~10	6~7	1~5	8~10	6~7	1~5
1	学习兴趣									
2	遵守纪律									
3	现场环境准备情况									
4	切割工艺									
5	所用工具的正确使用与维护保养									
6	切割规程符合规范									
7	安全操作规范									
8	协作精神									
9	查阅资料的能力									
10	工作效率与工作质量									
	总评									

三、对展示的作品分别作评价

1. 找出各组的优点点评。
2. 展示过程中各组的缺点点评，改进方法。
3. 整个任务完成中出现的亮点和不足。
4. 教师评价重点是对安全操作的评价。

学习任务九　工字梁的焊接

◇**学习目标**◇

1. 能按照焊接车间安全防护规定，穿戴劳保用品，能严格执行 CO_2 气体保护焊安全操作规程。

2. 能正确识读工字梁的图样，明确焊缝符号、代号的含义。

3. 能识别低碳钢及了解焊材的选用原则。

4. 能熟知 CO_2 气体保护焊的原理，正确使用 CO_2 气体保护焊焊接设备、角磨机等工具。

5. 能根据工艺卡，正确选用 CO_2 气体保护焊平、横角焊的焊接工艺参数。

6. 能根据工艺要求，完成 CO_2 气体保护焊平位、横角焊的操作。

7. 能使用通用焊接工装完成工字梁的装配。

8. 能正确使用焊接设备及工具进行梁的焊接。

9. 能对工字梁焊接过程中产生的变形进行控制和矫正。

10. 能够根据图纸技术要求对工字梁进行焊缝外观和几何尺寸检验。

11. 能按照"7S"要求，整理现场，保养焊机，填写保养记录。

12. 能主动获取有效信息，展示工作成果，对学习与工作进行总结反思，能与他人合作，进行有效沟通。

◇**建议课时**◇

55 学时。

◇**学习任务描述**◇

现企业需制作 5 根低碳钢的焊接工字梁图 1（见后面派工单）。要求严格按照施工标准与焊接工艺卡进行操作；遵守 CO_2 气体保护焊安全操作规程；严格按照焊接工艺的要求装配－焊接；对完成的工作进行记录存档，评价和反馈；要求在 55 学时内完成焊接工作。

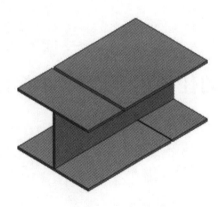

图 9-1　工字梁

◇工作流程与活动◇

学习活动 1　明确工作任务（4 学时）

学习活动 2　加工前的准备（10 学时）

学习活动 3　工字梁焊接（35 学时）

学习活动 4　焊后检验及整理（2 学时）

学习活动 5　总结与评价（4 学时）

学习活动 1　明确工作任务

◇学习目标◇

1. 能识读生产任务单、工艺卡片，明确加工任务。

2. 能识读图纸，明确焊接符号、焊接方法代号的含义。

3. 能明确工时、工艺要求，能制定作业计划。

4. 能熟识安全生产操作规程。

5. 能明确个人加工任务要求。

建议学时：4 学时。

◇**学习过程**◇

一、阅读生产派工单，明确加工任务

表 9-1-1 生产派工单

生产派工单						
任务名称		派工人员		派工时间		
加工人员		班组		接单人		
焊工 1	焊工 2		辅助人员	质检员		记录员
计划工时		开始时间		结束时间		
技术要求	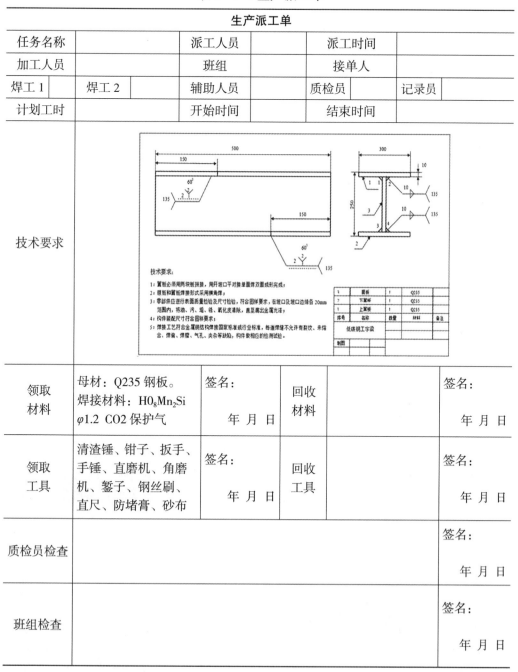					
领取材料	母材：Q235 钢板。焊接材料：$H0_8Mn_2Si$ $\varphi1.2$ $CO2$ 保护气	签名：　年 月 日		回收材料		签名：　年 月 日
领取工具	清渣锤、钳子、扳手、手锤、直磨机、角磨机、錾子、钢丝刷、直尺、防堵膏、砂布	签名：　年 月 日		回收工具		签名：　年 月 日
质检员检查						签名：　年 月 日
班组检查						签名：　年 月 日

引导问题。

1. 生产任务单中明确工字梁的加工的材料是：_____，属于什么钢_____（A 低碳钢、B 中碳钢、C 高碳钢）？

2. 该任务要完成的数量是多少？工期是多长时间？

3. 分析工字梁图纸，完成表 9-1-2。

表 9-1-2

名称	长度尺寸 /mm	宽度尺寸 /mm	厚度尺寸 /mm	坡口角度 /(°)	数量 / 件
翼板 1					
翼板 2					
腹板					

二、焊接符号

焊接符号是一种工程语言，能简单、明了地在图纸上说明焊缝的形状、几何尺寸和焊接方法。焊接符号一般是由基本符号和指引线组成，必要时还可以加上辅助符号、补充符号和焊缝尺寸符号。

焊接符号的作用：

（1）所焊焊缝的位置。

（2）焊缝横截面形状（坡口形状）及坡口尺寸。

（3）焊缝表面形状特征。

（4）表示焊缝某些特征或其他要求。

1. 基本符号（表 9-1-3）。

表 9-1-3　基本符号

序号	示意图	名称	符号	序号	示意图	名称	符号
1		卷边焊缝（卷边完全融化）	几	7			Y
2		I 形焊缝	‖	8			Ｙ
3			V	9			⊔
4			Ｖ	10			△
5			Y	11			⎾
6			Ｙ	12			○

2．辅助符号（表 9-1-4）。

表 9-1-4　辅助符号

序号	示意图	名称	符号	说明
1		平面符号	—	焊缝表面平齐（一般通过加工）
2			⌣	焊缝表面凹陷

续表

序号	示意图	名称	符号	说明
3			⌒	焊缝表面凸起

小提示

辅助符号应用示例。

示意图	符号名称	符号
	平面 V 形对接焊缝	▽

注：不需要确切地说明焊缝的表面形状时，可以不用辅助符号。

3. 补充符号（表 9-1-5）。

表 9-1-5　补充符号

序号	示意图	名称	符号	说明
1		带垫板符号	▭	表示焊缝底部有垫板
2			⊏	表示三面带有焊缝
3			○	表示四周有焊缝
4			⚑	表示在现场或工地上进行焊接
5		尾部符号	<	可以参照 GB 5185—1985 标注焊接工艺方法等内容

小提示

补充符号标注示例。

示意图	标注示例	说明
		表示 V 形焊缝的背面底部有垫板

4. 焊缝尺寸符号（表9-1-6）。

表 9-1-6　焊缝尺寸符号

序号	示意图	名称	符号	序号	示意图	名称	符号
1		工件厚度	δ	9		焊缝间隙	e
2		坡口角度	α	10		焊脚尺寸	K
3		根部间隙	b	11		熔核直径	d
4		钝边尺寸	p	12		焊缝有效厚度	S
5		焊缝宽度	c	13		相同焊缝数量	N
6		根部半径	R	14		坡口深度	H
7		焊缝长度	L	15		余高	h

续表

序号	示意图	名称	符号	序号	示意图	名称	符号
8	n=2	焊缝段数	n	16	β	坡口面角度	β

5. 焊接方法代号（表9-1-7）。

表9-1-7　焊接方法代号

常用焊接方法	代号
手工焊条电弧焊	111
药芯焊丝 CO_2 气体保护焊	114
实芯焊丝 CO_2 气体保护焊	115
熔化极惰性气体保护焊（MIG 焊）	131
熔化极非惰性气体保护焊（MAG 焊）	135
钨极惰性气体保护焊（TIG 焊）	141

6. 指引线。

指引线包括箭头指引线（箭头线）、基准线（一条实线基准线、一条虚线指引线），见图9-1-1。

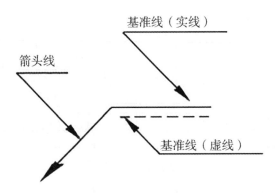

图 9-1-1　指引线

三、学习拓展

（一）箭头线和接头的关系

表述箭头线和接头的关系的两个术语是：

1．接头的箭头侧；

2．接头的非箭头侧。

对两个术语的说明见图9-1-2。

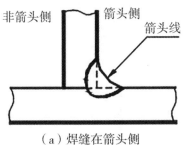

（a）焊缝在箭头侧　　　　　　　　　　（b）焊缝在非箭头侧

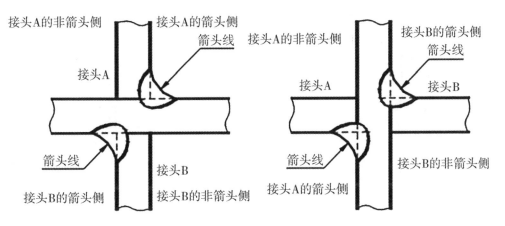

图9-1-2　术语说明图

（二）箭头的位置

箭头线相对焊缝的位置一般没有特殊要求，但在标注单边V形、带钝边单边V形、J形焊缝时，箭头应指向带有坡口一侧的工件，如图9-1-3、图9-1-4所示。

必要时，允许箭头线折弯一次。

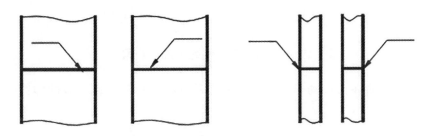

图9-1-3　箭头的位置（1）

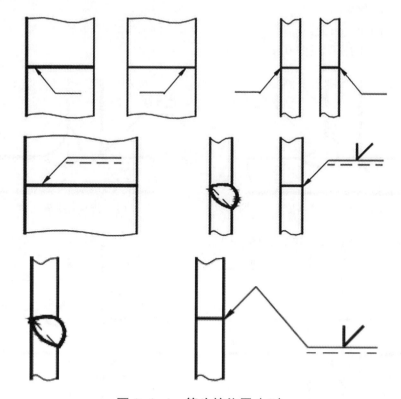

图 9-1-4　箭头的位置（2）

（三）基准线的位置

基准线的虚线可以画在基准线实线的上方或下方。

基准线应和图样的底边相平行。

（四）基准符号相对基准线的位置

1. 如果焊缝在接头的箭头侧，则将基本符号标注在基准线的实线侧，如图 9-1-5 所示。

图 9-1-5　实线侧的基准线符号

2. 如果焊缝在接头的非箭头侧，则将基本符号标注在基准线的虚线侧，如图 9-1-6 所示。

图 9-1-6　虚线侧的基准线符号

3. 标注对称焊缝及双面焊缝时，可不加虚线，如图 9-1-7 所示。

图 9-1-7 不加线的基准符号

（五）焊缝尺寸符号及数据的标注原则

1. 焊缝横截面上的尺寸标在基本符号的左侧；

2. 焊缝长度方向尺寸标在基本符号的右侧；

3. 坡口角度、坡口面角度、根部间隙尺寸标在基本符号的上侧或下侧；

4. 相同焊缝数量符号标在尾部；

5. 当需要标注的尺寸数据较多又不易分辨时，可在数据前增加相应的尺寸符号。

焊缝尺寸符号及数据的标准如图 9-1-8 所示。

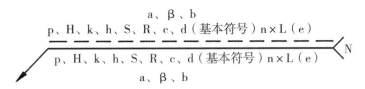

图 9-1-8 焊缝尺寸符号及数据的标准

焊接符号标注示例如图 9-1-9 所示。

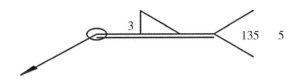

图 9-1-9 焊接符号的标注示例

图 9-1-9 所示的焊缝含义为：角焊缝，焊角高度为 3，周围满焊，采用 CO_2 气体保护焊进行接，共有 5 处。

引导问题。

1. 分析图纸，工字梁中共有几条焊缝？焊接位置分别是什么？使用什么焊接方法？

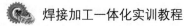

2．解释下面图纸中各焊接符号的含义？

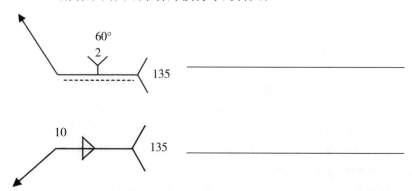

3．分小组制定作业计划，并派代表进行简单阐述，老师点评。

学习活动 2　加工前的准备

◇学习目标◇

1. 能熟悉二氧化碳气体保护焊的基础知识，熟识二氧化碳气体保护焊的原理。
2. 能合理选用焊接设备、工具、材料等。
3. 能熟识常用焊材及焊接辅材相关知识，并能合理选用。
4. 能遵守二氧化碳气体保护焊安全防护要求，对焊接环境、场地、设备等是否符合安全文明生产要求进行检查。

建议学时：10 学时。

◇学习过程◇

一、二氧化碳气体保护焊基础知识

查阅《焊工工艺学（第四版）》，完成以下填空。

1. 原理（图 9-2-1）：二氧化碳气体保护焊是利用二氧化碳作为_____的一种熔化极气体保护电弧焊方法，简称二氧化碳焊。

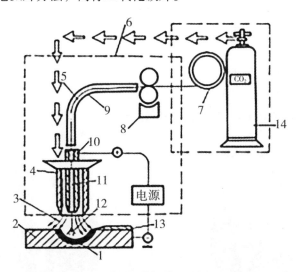

图 9-2-1　二氧化碳气体保护焊原理图

2. 分类：二氧化碳焊按所用的焊丝直径不同，可分为_____二氧化碳焊

及＿＿＿＿＿＿＿＿二氧化碳焊，由于＿＿＿＿＿二氧化碳焊工艺比较成熟，因此应用最广；按操作方式不同又可分为二氧化碳＿＿＿＿＿焊（适用不规则或较短的焊缝焊接）和二氧化碳自动焊（用于较长的直线焊缝和环形焊缝等焊接）。

3. 了解二氧化碳焊的优缺点，完成表 9-2-1。

表 9-2-1　二氧化碳焊的优缺点

	焊条电弧焊	CO_2 气体保护焊
焊接成本	设备简单成本低，但材料及人工成本高，综合成本较高	
生产率	主要靠手工操作，需更换焊条及清理熔渣，生产率低	
焊接质量	焊接质量好，但对焊工操作技术水平要求高	
焊接应力及变形	易于分散应力和控制变形，可通过工艺调整来减少变形和改善应力分布	
操作性能	操作方便，使用灵活，适用于各种角度、各种位置的焊接	
适用范围	应用范围广，适用于大多数工业用的金属和合金的焊接	

二、设备准备

二氧化碳气体保护焊设备包括半自动焊设备和自动焊设备，目前，常用的是半自动二氧化碳焊设备，主要由焊接电源、焊枪及送丝系统、二氧化碳供气系统、控制系统、减压调节阀等部分组成。

（一）焊接电源

二氧化碳焊采用直流电源。

通常有整流器式、逆变式。

额定电流通常有 160 A、200 A、350 A、500 A。

图 9-2-2

图 9-2-3

（二）焊枪及送丝系统

送丝机构由送丝机、送丝软管、焊丝盘组成。

根据送丝方式的不同有如下分类：

1. 推丝式：送丝机焊丝盘与焊枪分开，通过送丝软管送到焊枪。

2. 拉丝式：送丝机焊丝盘与焊枪一体没有软管，阻力小焊枪重。

3. 推拉式：是推丝和拉丝的组合，枪有送丝轮，较灵活阻力小。

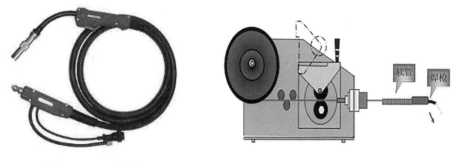

图 9-2-4　焊枪　　　　　　图 9-2-5　送丝系统

（三）二氧化碳供气系统

二氧化碳焊接区提供流量稳定的气体。

二氧化碳包括气瓶、减压器、预热器、流量计、干燥器、气管、电磁气阀、六芯送丝电缆。

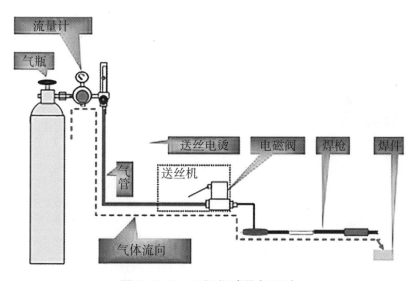

图 9-2-6　二氧化碳供气系统

（四）控制系统

控制系统的作用是对二氧化碳气体保护焊的供气、送丝和供电等系统实现控制。

引导问题：

（1）查阅《焊工工艺学（第四版）》，完成表 9-2-2。

表 9-2-2

图示	名称	作用
		为焊接提供_____、_____并具有适合该焊接方法所要求的输出特性的设备
		根据设定的参数_____的送出的自动化送丝装置
		作为_____传递焊接电流；向焊接部位输送_____和_____；通过微动开关向焊机发出控制命令。
		CO_2 气瓶：储存_____态_____。 CO_2 气体：隔离空气并作为电弧的介质
		将瓶内_____变为_____
		输送_____

（2）分组讨论，完成设备的连接。

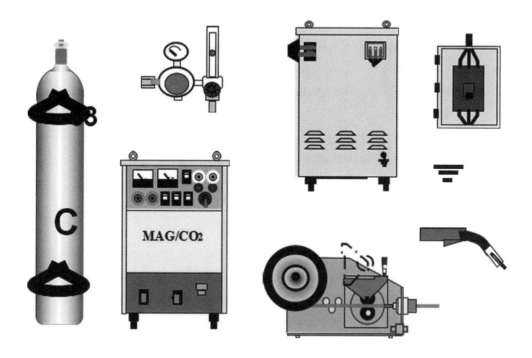

三、焊接材料

二氧化碳半自动焊主要采用直径为 0.5 mm、0.8 mm、1.0 mm、1.2 mm 的细焊丝。二氧化碳自动焊除采用细丝外，还采用直径为 1.6~5.0 mm 的粗焊丝。

二氧化碳焊焊丝有实芯焊丝和药芯焊丝两种。目前最常用的是实芯焊丝。解释实芯焊丝的牌号的如下：

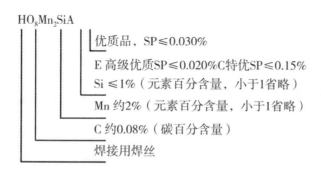

HO_8Mn_2SiA

优质品，SP≤0.030%

E 高级优质SP≤0.020%C特优SP≤0.15%

Si ≤1%（元素百分含量，小于1省略）

Mn 约2%（元素百分含量，小于1省略）

C 约0.08%（碳百分含量）

焊接用焊丝

图 9-2-7　实芯焊丝的牌号

四、材料、工具准备

查阅《焊工工艺学（第四版）》，写出表 9-2-3 中材料、工具的名称和用途。

表 9-2-3

序号	图示	名称	用途
1		焊丝 （$H0_8Mn_2SiA$）	既是_____又是_____
2	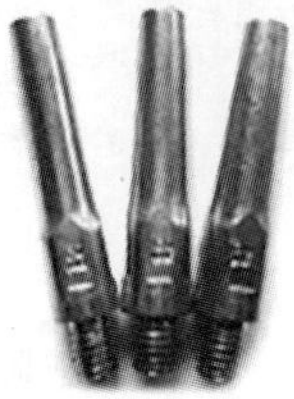		向焊丝传递_____
3			向焊接区域输送_____
4	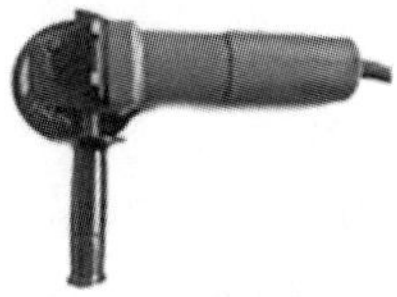		用于焊后____、____修整及____准备
5	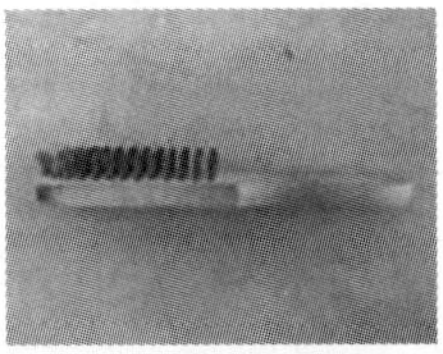		用于清除焊件表面的_____、_____等。
6			用于清除_____的一种尖锤。
7			用于测量坡口角度、_____、_____、余高、焊缝宽度及角焊缝厚度等尺寸。

五、二氧化碳气体保护焊安全防护

（一）通风措施

要保证有良好的通风条件，特别在通风不良的小屋内或容器内焊接时，更应加强通风，而且要使用能供给新鲜空气的特殊面罩，容器外应有人监护，以防二氧化碳气体中毒。

（二）防触电措施

二氧化碳气体预热器所使用的电压不得高于 36 V，外壳接地可靠。工作结束时要立即切断电源和气源。

（三）其他个人防护措施

穿好工作服，戴好手套，选用合适的焊接面罩，如图 9-2-8 所示。

（四）二氧化碳瓶的安全技术要求

1. 应远离热源，避免太阳暴晒，严禁对气瓶强烈撞击以免引起爆炸。

2. 焊接现场周围不应存放易燃易爆品。

3. 带有安全帽，防止摔断瓶阀造成事故。

4. 打开阀门时不应操作过快，应留有余压不可全部用尽。

图 9-2-8　防护服

六、焊前安全检查

焊前安全检验后完成表 9-2-4。

表 9-2-4

检查项目	检查内容	检查结果
场地检查	检查工作间通风是否良好	
	检查除烟除尘设备工作是否良好	
	检查工位隔离挡光设施是否到位	
设备检查	检查焊机电源接地接零是否良好	
	电源接通后焊接设备是否运转正常	
	检查气瓶密封是否良好，有无漏气现象	
	检查气表是否良好无损	
	检查送丝机构是否正常	
	检查气管是否有漏气现象	

学习活动 3 工字梁焊接

◇学习目标◇

1. 能够运用矫正方法矫正梁构件板材，满足装配要求。
2. 能运用划线工具进行划线操作，符合图纸要求。
3. 能运用装配工具、夹具及测量工具完成梁柱装配，达到梁装配质量要求。
4. 能根据工艺卡选用二氧化碳气体保护焊平、横角焊的焊接工艺参数。
5. 通过预留反变形，减小翼板平位焊接的变形。
6. 能使用通用焊接工装固定梁、柱构件，减少变形。
7. 能根据工艺要求完成二氧化碳气体保护焊平位、横角焊的操作。
8. 能够根据图纸技术要求对工字梁进行焊缝外观和几何尺寸检验。
9. 能按照 7S 要求，整理现场，保养焊机，填写保养记录。

建议学时：35 学时。

◇学习过程◇

一、腹板与翼板的矫正及表面清理

1. 矫正（又称为矫形）就是使钢板或工件在外力作用下产生与原来变形相反的塑性变形，以消除弯曲、扭曲、褶皱、表面不平等变形，从而获得正确形状的过程。对尺寸不大，变形不太严重的钢材可进行手工矫正。手工矫正常用的工具是各类锤，配以平台、垫铁等。表 9-3-1 所示为手工矫正方法及图示。

表 9-3-1 手工矫正方法及图示

手工矫正方法	图示
直接锤击法：将弯曲钢板凸侧朝上扣放在平台上，持大锤直接锤击钢板凸起处，当锤击力足够大时，可以使钢板的凸起处受压缩而产生塑性变形，从而使钢板获得矫正	
扩展凹面法：将弯曲钢板凸侧朝下放在平台上，在钢板的凹处进行密集锤击，使其表层扩展而获得矫平	

2. 如图 9-3-1 所示，腹板与翼板矫正之后要采用＿＿＿＿＿＿＿＿＿工具清理钢板表面的＿＿＿＿＿＿、＿＿＿＿＿＿。

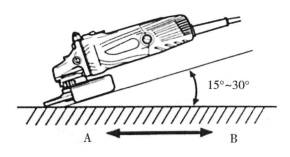

图 9-3-1　钢板表面清理示意图

二、二氧化碳气体保护焊的基本练习

（一）平敷焊

根据图 9-3-2，完成平敷焊练习，表 9-3-2 所示为焊接参数表。

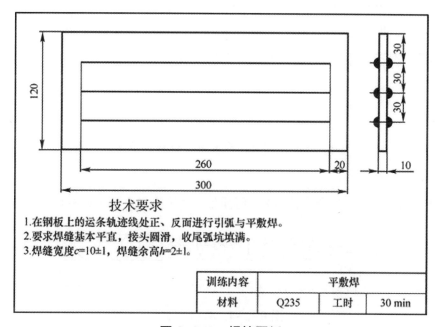

技术要求

1. 在钢板上的运条轨迹线处正、反面进行引弧与平敷焊。
2. 要求焊缝基本平直，接头圆滑，收尾弧坑填满。
3. 焊缝宽度 $c=10\pm1$，焊缝余高 $h=2\pm1$。

训练内容	平敷焊		
材料	Q235	工时	30 min

图 9-3-2　焊接图纸

表 9-3-2　焊接参数表

焊道层次	焊丝直径 /mm	焊接电流 /A	焊接电压 /V	气体流量 /L	干伸长度 /mm
表面焊缝	1.2	120~130	20~22	12~15	10~15

基本操作方法：

1. 引弧。

二氧化碳气体保护焊与焊条电弧焊引弧方法稍有不同，不采用划擦引弧法，主要采用直击引弧法，且引弧时不必抬起焊炬。图9-3-3所示为二氧化碳保护焊引弧。

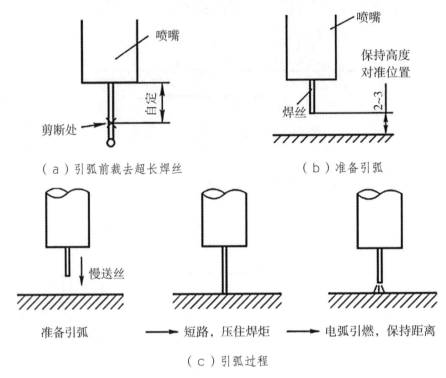

（a）引弧前裁去超长焊丝   （b）准备引弧

准备引弧   ——→ 短路，压住焊炬 ——→ 电弧引燃，保持距离

（c）引弧过程

图9-3-3 二氧化碳保护焊引弧

2. 焊接接头。

焊缝连接时接头好坏会直接影响焊缝质量，其接头方法如图9-3-4所示。

（a）窄焊缝接头方法   （b）宽焊缝接头方法

图9-3-4 焊接接头

3. 焊接方法。

根据焊炬的运动方向有左向焊法和右向焊法两种，如图9-3-5所示。

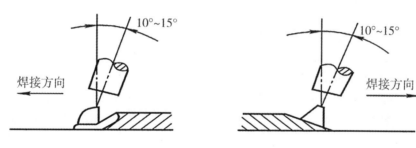

图 9-3-5　焊接方法

左向焊法特点：电弧推着熔池走，不直接作用在工件上，焊道平而宽，不容易观察焊缝，气体保护效果好，熔深小，飞溅较小。

右向焊法特点：电弧躲着熔池走，直接作用在工件上，熔深大，飞溅较小，容易观察焊道，焊道窄而高，气体保护效果不太好。

4. 焊枪角度，如图 9-3-6 所示。

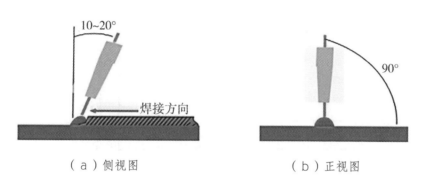

（a）侧视图　　　　　　　　（b）正视图

图 9-3-6　焊枪角度

根据以上资讯，完成平敷焊练习，检测并完成表 9-3-3。

表 9-3-3　考核表

项目	分值	扣分标准	得分
操作姿势正确	10	不标准扣 5 分	
引弧方法正确	10	错误不得分	
运条方法正确	10	不标准扣 5 分，错误不得分	
平敷焊道波纹均匀	15	出现焊瘤不得分	
焊道起头圆滑	10	起头不圆滑不得分	
焊道接头平整	10	接头不平整不得分	
收尾无弧坑	10	出现弧坑不得分	
焊缝平直	15	焊缝不平直不得分	
焊缝宽度一致	10	焊缝宽度不一致不得分	

（二）V形坡口板对接平焊

根据图纸9-3-7所示，完成V形坡口板对接平焊练习。

1. 根据施工图样，此次焊接任务为V形坡口对接平焊，坡口角度60°，由两块300 mm×125 mm×10 mm的Q235钢板对接。

2. 坡口间隙、钝边自定，单面焊双面成形，利用二氧化碳气体保护焊焊成一块。

3. 检查钢板平直度，并修复平整。为保证焊接质量，需在坡口两侧正反面20 mm内除锈、除油打磨干净，露出金属光泽，避免产生气孔、裂纹，难以引弧。

4. 板材组对装配的反变形自定，装配符合图样要求。

5. 焊接操作，定位焊长度10~15 mm；按照给定的参考参数进行焊接。

6. 焊后清理表面的飞溅物、焊渣等。

表9-3-4为V形坡口板对接平焊工艺参考表。

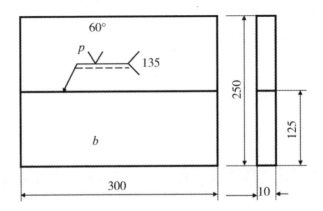

图9-3-7　V形坡口板对接平焊图纸

表9-3-4　V形坡口板焊接工艺参数表

工艺参数 层次	焊丝直径 /mm	焊接电流 /A	焊接电压 /V	气体流量 / （L·min⁻¹）	干伸长度 / mm
装配	1.2	90~100	18~20	12~15	12~18
打底层	1.2	90~100	18~20	12~15	12~18
填充层	1.2	130~140	20~22	12~15	12~18
盖面层	1.2	120~130	20~22	12~15	12~18

1. 装配及定位焊。

定位焊作为正式焊缝的一部分，为保证焊接质量，装配定位很重要。为了保证_____，必须留有合适的间隙、和合理的钝边。根据打底焊熔滴过渡方式_____，（短路过渡、颗粒过渡）确定钝边 p=0~0.5 mm，间隙 b=2.5~3 mm（始端2.5 终端3），反变形约_____，错边量≤_____mm。定位焊时，在试件两端坡口内侧点固，定位焊长度_____mm，高度 5~6 mm，以保证固定点强度。装配间隙及定位焊、试件对接平焊的反变形如图 9-3-8 所示。

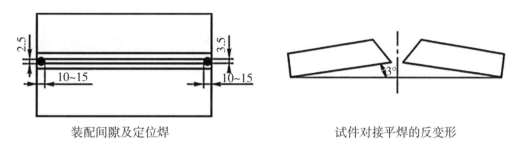

装配间隙及定位焊　　　　　　　　　　　试件对接平焊的反变形

图 9-3-8　装配及定位焊、试件对接平焊的反变形

2. 打底焊。

按照工艺规程调整焊接参数，在试件右端固定点引弧，焊丝对准固定点最高端并接触，焊枪与_____垂直，与焊缝方向成_____角，引弧后小锯齿摆动或者直线向_____焊接，至固定点低端，压低电弧稍做停顿，击穿根部打开熔孔后，小锯齿形摆动，向左焊接，在坡口两侧稍做停顿，避免焊缝正面中间凸起，两侧形成沟槽。焊丝始终对准距熔池前边缘 1 mm 处，焊枪摆动均匀，摆动幅度、前移尺寸大小均匀，电弧的在正面燃烧，电弧的通过间隙在坡口背面燃烧，用来击穿熔孔，保护背面熔池。打底层焊道表面应平整而两侧稍向下凹，焊道厚度不得超过 4 mm，如图 9-3-9 所示。

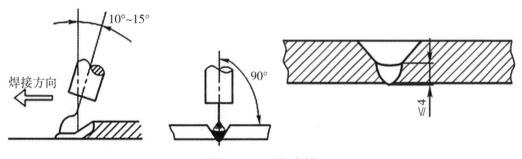

图 9-3-9　打底焊

3. 填充焊。

清理打底层熔渣，用扁铲铲除接头高点和焊瘤，使底层焊道基本平整。按照工艺规程调整焊接参数，在试件右端 20 mm 处引弧，快速拉到最右端压低电弧稍做停顿，待形成熔池，锯齿摆动，比打底层摆动幅度大，坡口两边稍做停顿，保证焊缝有足够的熔深。填充层的表面最后距离坡口表面 0.5~1 mm，如图 9-3-10 所示。

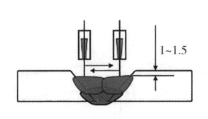

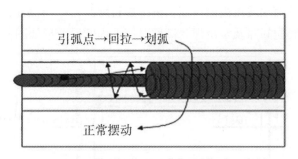

图 9-3-10　盖面焊

4. 盖面焊。

清除填充焊道熔渣，按照工艺规程调整焊接参数，清除喷嘴飞溅物，与填充焊方法基本相同，由于盖面焊道比填充焊道较宽，摆动幅度稍大，中间不能一带而过，而要均匀摆动，否则盖面焊道表面中间凹陷。焊枪摆到坡口面两侧压住两边 0.5~1 mm。避免产生咬边的_____焊接缺陷，如图 9-3-11 所示。

图 9-3-11　填充焊

5. 完成 V 形坡口板对接平焊练习，检测并完成表 9-3-5。

表 9-3-5　考核表

评分人		记录人		日期		总分	
检查项目	标准 /mm、分数	焊缝等级				实际测量	评分
		I	II	III	IV		
焊缝余高	标准 /mm	0~1	> 1, ≤ 2	> 2, ≤ 3	> 3, < 0		
	分数	6	4	2	0		
焊缝高低差	标准 /mm	≤ 1	> 1, ≤ 2	> 2, ≤ 3	> 3		
	分数	4	3	1	0		
焊缝宽度	标准 /mm	≤ 20	> 20, ≤ 21	> 21, ≤ 22	> 22		
	分数	3	2	1	0		
焊缝宽窄差	标准 /mm	≤ 1.5	> 1.5, ≤ 2	> 2, ≤ 3	> 3		
	分数	4	2	1	0		

续表

评分人		记录人		日期		总分	
检查项目	标准 /mm、分数	焊缝等级				实际测量	评分
		Ⅰ	Ⅱ	Ⅲ	Ⅳ		
咬边	标准 /mm	0	深度 ≤ 0.5 且长度 ≤ 15	深度 ≤ 0.5 长度 > 15，≤ 30	深度 > 0.5 或长度 > 30		
	分数	10	8	6	0		
未焊透	标准 /mm	0	深度 ≤ 0.5 且长度 ≤ 15	深度 ≤ 0.5 长度 > 15，≤ 30	深度 > 0.5 或长度 > 30		
	分数	6	5	3	0		
背面焊缝凹陷	标准 /mm	0	深度 ≤ 0.5 且长度 ≤ 15	深度 ≤ 0.5 长度 > 15，≤ 30	深度 > 0.5 或长度 > 30		
	分数	4	3	2	0		
错边量	标准 /mm	0	≤ 0.7	> 0.7，≤ 1.2	> 1.2		
	分数	4	2	1	0		
角变形	标准 /mm	0~1	≥ 1，≤ 3	> 3，≤ 5	> 5		
	分数	4	3	2	0		
焊缝正面外表成形	标准 /mm	优 成形美观，焊纹均匀细密，高低宽窄一致	良 成形较好，焊纹均匀，焊缝平整	一般 成形尚可，焊缝平直	差 焊缝弯曲高低宽窄明显，有表面焊接缺陷		
	分数	5	3	1	0		

（三）T 形接头横角焊

根据图纸（图 9-3-12），完成 T 形接头横角焊练习。

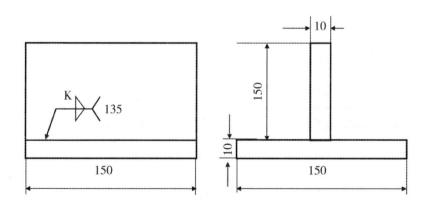

图 9-3-12　T 形接头横角焊图纸

技术要求：

1. 装配间隙自定。

2. 焊脚尺寸 $K=10\pm1$。

3. 角焊缝的截面形状为等腰三角形。

T形接头横角焊工艺参数，如表9-3-6所示。

表9-3-6　T形接头横角焊工艺参数

焊接层数	运丝方法	焊丝直径/mm	焊接电流/A	焊接电压/V	气体流量/（L·min−1）	干伸长度/mm
第一层	直线形运条法	1.2	160~200	22~24	12~15	12~18
第二层	斜圆圈形摆动法	1.2	160~180	21~23	12~15	12~18

1. 装配及定位焊。

在焊件两端对称进行定位焊，定位焊缝长度为10~15 mm，如图9-3-13所示。

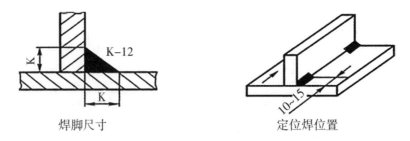

焊脚尺寸　　　　　　　　　定位焊位置

图9-3-13　装配及定位焊

2. 第一层焊道焊接。

采用左向焊法，一层一道。焊丝与水平板夹角为35°~45°，焊炬倾角为10°~20°，焊炬角度如图9-3-14所示。

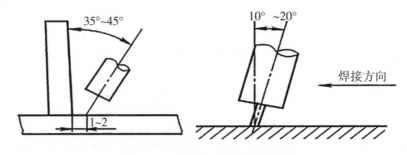

图9-3-14　第一层焊道焊接

3. 第二层焊道（盖面层）焊接（见图9-3-15）。

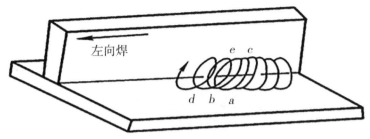

T形接头平角焊时斜圆圈形运条法

图 9-3-15 第二层焊道（盖面层）焊接

4. 完成 T 形接头横角焊练习，检测并完成表 9-3-7。

表 9-3-7 考核表

项目	分值	扣分标准	得分
焊脚尺寸 K / mm	15	$11 \leqslant K \leqslant 13$，每超差一处扣 5 分	
焊缝宽度差 C'/ mm	15	$0 \leqslant C' \leqslant 2$，每超差一处扣 5 分	
焊缝凸度 h'/ mm	15	$0 \leqslant h' \leqslant 3$，每超差一处扣 5 分	
焊缝凸度差 h'/ mm	15	$0 \leqslant h' \leqslant 2$，每超差一处扣 5 分	
咬边 / mm	10	缺陷深度 $\leqslant 0.5$ 缺陷长度 $\leqslant 15$，超差扣 5 分	
未焊透	10	出现一处未焊透扣 5 分	
焊瘤	10	出现一处焊瘤扣 5 分	
角变形 α / °	10	$\alpha \leqslant 3°$，超差不得分	

三、工字梁的焊接

请同学们根据工字梁图纸技术要求，完成工字梁产品的焊接，并交验转下工序。

1. 各小组根据成员能力情况，对工字梁焊接任务进行分工。

姓名	工作内容	焊接实施要求	备注
	焊缝 1 的焊接		
	焊缝 2 的焊接		
	焊缝 3 的焊接		
	焊缝 4 的焊接		
	焊缝 5 的焊接		
	焊缝 6 的焊接		

2. 为了控制或减小工字梁焊后残余变形，请同学们确定各焊缝的焊接顺序。

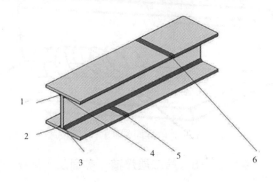

焊接顺序：_____、_____、_____、_____、_____、

_____、_____。

步骤一：上下翼板的装配及定位焊。

查阅《焊工工艺学（第四版）》，完成下列问题。

1. _____是按照一定的技术要求，将若干零件装成一个组件或部件，或将若干零件、部件装成一个机械的工艺过程。

2. 装配中的测量包括线性尺寸的测量、平行度的测量、垂直度的测量、同轴度的测量、角度的测量。工字梁的装配测量主要是_____、_____。

3. _____是指用来确定生产对象上几何要素间的几何关系所依据的那些点、线、面。按其功能不同，基准可分为设计基准和工艺基准两大类。

4. 焊接装焊顺序有三种类型：整装整焊、随装随焊和部件装焊 – 总装焊。整装整焊工艺是：_____；

随装随焊工艺是：_____；

部件装焊 – 总装焊工艺是：_____。

5. 工字梁的装焊顺序采取_____类型。

6. 装配过程中零件的夹紧通常是通过定位夹具来实现的，查阅并填写下列夹具的名称及适用范围（表9-3-8）。

表9-3-8 夹具名称及适用范围

序号	夹具	名称	适用范围
1			

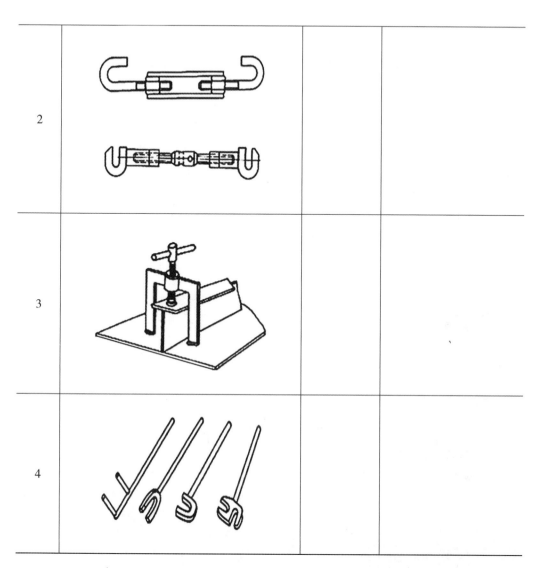

2		
3		
4		

7. 通过小组讨论分析，确定工字梁装配方法。

8. 通过查阅《焊工工艺学（第四版）》和上网查询资料及小组讨论分析，组合以下工序，制定出工字梁装配、焊接工艺步骤。

①翼板加工，②腹板加工，③翼板与腹板装配，④焊接焊缝 1，⑤焊接焊缝 2，⑥焊接焊缝 3，⑦焊接焊缝 4，⑧焊接焊缝 5，⑨焊接焊缝 6，⑩焊缝外观检测，⑪整体结构检测，⑫变形矫正

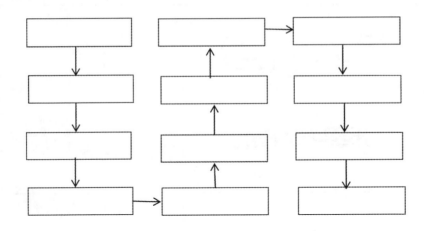

9. 小组测量检验装配质量（表9-3-9）。

表9-3-9　小组测量检验装配质量表

检验项目	测量结果	允许偏差	检测结果
高度 / mm		不大于 ±2 mm	
腹板中心偏移 / mm		< 2 mm	
端头平齐 / mm		1~2 mm	
顶紧面间隙 / mm		< 0.5 mm	
腹板与翼板垂直度 /C°		1°	
两翼板平行度 / mm		< 2 mm	

小贴士

1. 定位焊。

装配中的定位焊也称点固焊，是用来固定各焊接零件之间的相互位置，以保证整个结构件得到正确的几何形状和尺寸的焊接方式。定位焊的位置和尺寸应以不影响焊接接头和结构的质量及工作能力为原则。定位焊缝一般比较短小，而且该焊缝作为正式焊缝留在焊接结构之中，故对所使用的焊条或焊丝应与正式焊缝所使用的焊条或焊丝牌号相同，而且必须按正式焊缝的工艺条件施焊。

2. 进行定位焊时应注意以下几点。

（1）定位焊缝比较短小，并且保证焊透，故应选用直径小于 4 mm 的焊条或直径小于 1.2 mm 的 CO_2 气保护焊焊丝。定位焊时，工件温度较低，热量不足而容易产生未焊透，所以定位焊缝焊接电流应较焊接正式焊缝时大 10%~15%。

（2）定位焊缝中不允许有焊接缺陷（未焊透、夹渣、裂纹、气孔等）。

（3）定位焊缝的起弧和结尾处应圆滑过渡，否则，在焊正式焊缝时在该处易造成未焊透、夹渣等缺陷。

（4）定位焊缝长度尺寸一般根据板厚选取，一般金属结构装配时定位焊缝的尺寸可参考表中选取，薄板可适当减小。对于强行装配的结构，因定位焊缝承受较大的外力，应根据具体情况，定位焊缝长度可适当加大，间距适当减小。对于装配后需要调运的工件，定位焊缝应能保证焊件不分离，因此，对起吊受力部分的定位焊缝，可加大尺寸或数量，或在完成一定的正式焊缝以后吊运，以保证安全。

步骤二：上下翼板的平位焊接。

表 9-3-10　平对接接头工艺卡

母材	Q235	焊接位置	平焊	清理手段	角磨机
焊接方法	CO_2 保护焊	焊接材料	H0₈Mn₂Si	焊丝直径	1.2 mm

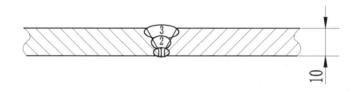

层次 工艺参数 参数	焊丝直径 /mm	焊接电流 /A	焊接电压 /V	气体流量 / （L · min⁻¹）	干伸长度 / mm
装配	1.2	90~100	18~20	12~15	12~18
打底层	1.2	90~100	18~20	12~15	12~18
填充层	1.2	130~140	20~22	12~15	12~18
盖面层	1.2	130~140	20~22	12~15	12~18
技术要求	1. 在坡口及坡口两侧，将油、污、锈、氧化皮清除，直至呈现金属光泽 2. 焊缝余高＜ 3 mm 3. 保证根部焊透 4. 不允许有裂纹、夹渣、焊瘤、气孔、未熔合等缺陷				

查阅《焊工技能训练（第四版）》，完成下列问题。

1. 接头可分热接和冷接两种方法。

（1）热接法：当弧坑还处在红热状态时，在弧坑下方 10~15 mm 处的斜坡上引弧，并焊至收弧处，使弧坑根部温度逐步升高，然后将焊条沿预先做好的熔孔向坡口根部顶一下，使焊条与试件的下倾角增大到 90° 左右，听到"噗噗"声后，稍作停顿，恢复正常焊接。停顿时间一定要适当，_____，易使背面产生焊瘤；_____，则不易接头。另外焊条更换的动作越快越好，落点要准。

（2）冷接法：当弧坑已经冷却，用砂轮或扁铲在已焊的焊道收弧处打磨一个10~15 mm 的斜坡，在斜坡上引弧并_____，使弧坑根部温度逐步升高，当焊至斜坡最低处时，将焊条沿预先做好的熔孔向坡口根部顶一下，听到"噗噗"声后稍作停顿，并提起焊条进行正常焊接。

2. 填充层焊接时，应使其比母材表面低_____且应呈凹形，不得熔化坡口棱边，以利于盖面层保持平直。

3. 根据工艺卡，完成上下翼板的平位焊接，并进行自检（表 9-3-11）。

表 9-3-11　对接接头评分标准

评分人		记录人		日期		总分	
检查项目	标准、分数	焊缝等级				实际测量	评分
		I	II	III	IV		
焊缝余高	标准 / mm	0~1	> 1, ≤ 2	> 2, ≤ 3	> 3, < 0		
	分数	6	4	2	0		
焊缝高低差	标准 / mm	≤ 1	> 1, ≤ 2	> 2, ≤ 3	> 3		
	分数	4	3	1	0		
焊缝宽度	标准 / mm	≤ 20	> 20, ≤ 21	> 21, ≤ 22	> 22		
	分数	3	2	1	0		
焊缝宽窄差	标准 / mm	≤ 1.5	> 1.5, ≤ 2	> 2, ≤ 3	> 3		
	分数	4	2	1	0		
咬边	标准 / mm	0	深度 ≤ 0.5 且长度 ≤ 15	深度 ≤ 0.5 长度 > 15, ≤ 30	深度 > 0.5 或长度 > 30		
	分数	10	8	6	0		
未焊透	标准 / mm	0	深度 ≤ 0.5 且长度 ≤ 15	深度 ≤ 0.5 长度 > 15, ≤ 30	深度 > 0.5 或长度 > 30		
	分数	6	5	3	0		

续表

评分人		记录人			日期		总分	
检查项目	标准、分数	焊缝等级					实际测量	评分
		Ⅰ	Ⅱ	Ⅲ	Ⅳ			
背面焊缝凹陷	标准 /mm	0	深度 ≤ 0.5 且长度 ≤ 15	深度 ≤ 0.5 长度 > 15, ≤ 30	深度 > 0.5 或长度 > 30			
	分数	4	3	2	0			
错边量	标准 /mm	0	≤ 0.7	> 0.7, ≤ 1.2	> 1.2			
	分数	4	2	1	0			
角变形	标准 /mm	0~1	≥ 1, ≤ 3	> 3, ≤ 5	> 5			
	分数	4	3	2	0			
焊缝正面外表成形	标准 /mm	优 成形美观，焊纹均匀细密，高低宽窄一致	良 成形较好，焊纹均匀，焊缝平整	一般 成形尚可，焊缝平直	差 焊缝弯曲高低宽窄明显，有表面焊接缺陷			
	分数	5	3	1	0			

步骤三：腹板与翼板角焊缝的焊接。

表 9-3-12　T 形角接接头工艺卡

母材	Q235	焊接位置	平焊	清理手段	角磨机
焊接方法	CO_2 保护焊	焊接材料	H08Mn2Si	焊丝直径	1.2 mm
接头简图					
层次工艺参数参数	焊丝直径 / mm	焊接电流 /A	焊接电压 /V	气体流量 / ($L \cdot min^{-1}$)	干伸长度 /mm

续表

装配	1.2	120~140	18~20	12~15	12~18
第一层	1.2	120~140	18~20	12~15	12~18
第二层	1.2	140~160	19~21	12~15	12~18
技术要求	1. 在坡口及坡口两侧，将油、污、锈、氧化皮清除，直至呈现金属光泽 2. 焊角高 K > 10 mm 3. 不允许有裂纹、夹渣、焊瘤、气孔、未熔合等缺陷				

查阅《焊工技能训练（第四版）》，完成下列问题：

1. 同学们根据图纸的要求，认真想一想，完成二氧化碳气体保护焊 T 形接头横角焊的操作要领是什么？

2. 焊接过程中，如果焊枪对准的位置不正确，过低或都会使熔液下淌，造成焊缝的下垂；如果、焊速过快或焊枪朝向垂直板，致母材温度过高，则会引起焊缝好咬边，产生焊瘤。

3. 根据任务卡，完成角接接头的焊接，并进行自检（表 9-3-13）。

表 9-3-13 角接接头评分标准

评分标准 检查项目		配分	A		B		C		实测	评分
			标准/mm	得分	标准/mm	得分	标准/mm	得分		
外观检查	焊缝焊脚 K	20	$10 \leq K \leq 11$	20	$11 \leq K \leq 12$	16	$12 \leq K \leq 13$	12		
	焊缝凸度 C	10	$0 \leq C \leq 1$	10	$1 < C \leq 2$	8	$2 < C \leq 3$	6		
	焊缝边缘直线度 F	10	$0 \leq F \leq 0.5$	10	$0.5 < F \leq 1.5$	8	$1.5 < F \leq 2$	6		
	咬边	10	$F \leq 0.5$ $0 \leq L \leq 5$	10	$F \leq 0.5$ $5 < L \leq 20$	8	$F \leq 0.5$ $20 < L \leq 30$	6		
	内凹	10	无内凹	10	$f \leq 1$ $1 < L \leq 10$	8	$f \leq 1$ $10 < L \leq 20$	6		
	变形量	10	$0° < \alpha \leq 1°$	10	$1° < \alpha \leq 2°$	8	$2° < \alpha \leq 3°$	6		
	错边量 S_0	5	无错边	5	$0 < S_0 \leq 1$	3	$1 < S_0 \leq 2$	1		
	不允许缺陷（气孔、夹渣、未熔合、裂纹、未焊透、焊瘤）	10	无缺陷	10	有其中之一缺陷	0		0		
	表面成型	15	优	15	良	10	一般	5		
	合计	100								

四、学习拓展

1. 焊接变形及减小变形的措施。

查阅《焊工工艺学（第四版）》，根据表 9-3-14 中的图写出对应焊接结构焊后的 6 种残余变形，并写出它们的特点。

表 9-3-14

变形示意图	变形种类	特点

2．在制作工字梁的时候，会出现局部的＿＿＿＿＿＿变形、＿＿＿＿＿＿变形、＿＿＿＿＿＿变形。

3．减小变形的措施。

焊接产品减小变形的措施主要有焊接过程中控制变形和焊接完成以后矫正变形。查阅相关资料分析下列措施那些属于焊接过程中控制变形的有＿＿＿＿＿＿、那些属于焊接完成以后矫正变形的有＿＿＿＿＿＿＿＿＿＿＿＿＿＿＿＿＿。

A．采用反变形 　　　　B．采用小锤锤击中间焊道

C．利用工卡具刚性固定 　D．用大锤、或机械设备碾压

E．用火焰局部加热

F．采用合理的焊接顺序

4．焊后出现变形的矫正的方法主要有机械矫正法和火焰矫正法两种。

（1）如图 9-3-16 所示，＿＿＿＿＿是利用外力使构件产生与焊接变形相反的变形，使两者抵消。焊接变形是由于塑性区缩短而造成的，通过外力使那些缩短的部分拉长，以此来矫正焊接变形，外力通常是采用压力机。此外还可以用锤击法来延展焊缝及附近区域的金属，以减小变形。还可用碾压法，碾压焊缝及两侧使之伸长。运用此法，对冷作硬化大的材料要引起注意，高强钢要注意冷脆。

图 9-3-16　机械矫正法

（2）如图 9-3-17 所示，＿＿＿＿＿利用火焰局部加热时产生的压缩塑性变形使较长部位的金属缩短来达到矫正变形的目的。所以说本法的基本原理与前者正好相反，前者是使短的部分拉长而后者是使长的部位缩短。具体做法是用气焊焊炬在工件较长的部位加热。为了提高矫形效率，可以在加热的同时在加热点周围喷水冷却来限制火焰加热的范围，提高对加热点的挤压作用。

图 9-3-17　火焰矫正法

5．对工字梁工件图进行工艺分析，从焊接变形的特点考虑，工字梁焊接应如何减小变形？小组讨论后把应采取的措施记录在下面。

小贴士

（1）纵向收缩变形：构件焊后在焊缝方向发生收缩。

（2）横向收缩变形：构件焊后在垂直焊缝方向发生收缩。构件焊后出现的收缩变形是难以修复的，必须在构件下料时加余量。

（3）弯曲变形：构件焊后发生弯曲。这种焊接变形是由于构件上的焊缝不对称或焊件断面形状不对称、焊缝的纵向收缩和横向收缩而产生的变形。

（4）角变形：焊后构件的平面围绕焊缝产生的角变形。主要由于焊缝截面形状不对称，或施焊层次不合理致使焊缝在厚度方向上横向收缩量不一致所产生的。

（5）波浪边形：焊后构件呈波浪形。这种变形在薄板焊接时容易产生。原因是由于焊缝的纵向收缩和横向收缩在拘束度较小结构部位造成较大的压应力而引起的变形；或由几条相互平行的角焊缝横向收缩产生的角变形而引起的组合变形；或由上述两种原因共同作用而产生的变形。

（6）扭曲变形：焊后沿构件的长度出现螺旋形变形。这种变形是由于装配不良、施焊程度不合理，致使焊缝纵向收缩和横向收缩没有一定规律而引起的变形。

学习活动 4 焊后检验及整理

◇学习目标◇

1. 选用合适的检测工具对工字梁进行几何尺寸检验，并做相应的记录，判别是否符合要求。

2. 能选用合适的矫正方法矫正变形区域。

3. 能在工作过程保持工作场地、设备设施及工具的清洁、整齐，符合"7S"工作要求及企业的相关规定。

建议学时：2 学时。

◇学习过程◇

查阅《焊工工艺学（第四版）》，完成下列问题。

1. 焊接检验贯穿于整个焊接生产过程中。在不同阶段焊接检验的目的也各不相同。按不同的焊接检验阶段，焊接检验可分为焊前检验、焊接过程中的检验和焊后检验。焊后检验是为了保证所制造的产品各项性能指标完全满足该产品的设计要求，是保证焊接结构获得可靠产品质量的重要手段。焊后检验包括：

焊接接头的＿＿＿＿＿＿＿＿＿＿＿＿＿＿＿＿＿＿＿＿＿＿＿＿＿＿＿检验，整体结构的＿＿＿＿＿＿＿＿＿＿＿＿＿＿＿＿＿＿＿＿＿＿＿＿＿＿＿检验，接头和整体结构的耐压检验与气密性检验。

2. 解释以下工字梁相关术语。

（1）挠度：

（2）矢高：

（3）扭曲：

3. 检验指导书。

工字梁焊接外形尺寸检验指导书

质量等级			文件编号		

标准依据：工字梁图样技术要求

序号	检查项目		检测标准	
1	梁长度	其他形式	$\pm L/2500$ 且不超过 ± 10.0	
2	梁高度 H	$H \leqslant 500$	± 2.0	
		$500 < H < 1000$	± 2.5	
		$H \geqslant 1000$	± 3.0	
3	挠度	设计要求起挠	$\pm L/5000$	
		设计未要求起挠	$10.0 \sim -5.0$	
4	侧弯矢高		$L/2000$ 且 $\leqslant 10.0$	
5	扭曲		$h/250$ 且 $\leqslant 4.0$	
6	腹板局部平面度	$t \leqslant 6$	3.0	
		$6 < t < 14$	2.0	
		$t \geqslant 14$	1.5	
7	翼缘板对腹板垂直度		$b/100$ 且 $\leqslant 3.0$	
8	梁翼板的平面度		$h/500$ 且 $\leqslant 2.0$	
检验员			日期		

4. 依据以上标准认真测量，完成表9-4-1。

表9-4-1

工序	序号	检查项目	检查方法	量、检具	实测数值	偏差值	备注
工字梁检验	1	梁的长度 L					
	2	端部高度 H					
	3	拱度 f					
	4	扭曲					
	5	腹板局部平面度					
	6	翼缘板对腹板垂直度					
	7	梁端面的平面度（只允许凹进）					
	8	侧弯矢高					

5. 火焰校正法具有操作方便，使用设备简单，校正速度快，效率高，经济效率好，适用面广等特点，查阅相关资料看看下列哪些材料可以用火焰校正。

焊接件☐ 铆接件☐ 毛坯件☐ 成品件☐ 压装件☐ 碳钢☐ 铸铁件☐ 高合金钢☐ 高碳钢☐ 有色金属☐ 低合金钢☐

钢材校正时温度的颜色判断见表9-4-2。

表9-4-2 钢材校正时温度的颜色判断

颜色	暗褐色	暗红色	暗樱色	樱红色	浅樱色	淡红色
温度/℃	520~580	580~650	650~750	750~780	780~800	800~830
颜色	桔黄微红	淡枯黄	黄色	淡黄色	黄白色	亮白色
温度/℃	830~850	880~1050	1050~1150	1150~1250	1250~1300	1300~1350

6. 结合工字梁变形情况确定所加工的工字梁的矫正工艺，并完成工字梁的矫正。

小贴士

H型梁校正方法及顺序：（1）腹板和翼板垂直90°校正：在大于90°方向对腹板进行线性加热，加热温度视板厚度而定（如板厚为10 mm，角度为100°，加热温度为150°左右的线状，即烤炬移动速度约为1 m/20 s），对腹板厚度大于20 mm且角度变化较大时为了做到又快又好可适当添加外力，但需注意的是加外力时角度校正量因弹形变形而要适当大一点点。（2）平、侧弯校正：具体方法同单板校正基本相同，但要控制好温度，侧弯烤点要多且温度不易过高，如板厚为20 mm，D为350 mm，长度为8 m，弯曲为6 mm，一般选择4或5个点，烤点大小为70 mm左右的半圆，温度为450℃左右；平弯校正时对薄板一般先烤翼板，而厚板的平弯较大时，则先在腹板上烤火，冷却后再在翼板上较火；如翼板厚度为60 mm，腹板厚度为40 mm，宽度为720 mm，高度为500 mm，长度为8 m，弯曲为12 mm，一般在腹板上较4~5点，三角形大小为120×180 mm的等腰三角形，120为底边长，温度为500℃左右，在翼板上烤火宽度为100~120 mm，红焰深度约为25~30 mm，温度约为450~500℃。d扭曲校正：先看扭曲点位臵，如在翼板，则在翼板上烤斜火，斜火方向是高点对高点约为45°，对板厚20 mm以下的H型梁扭曲为3 mm，翼板一般斜4火，（依照经验，一般上下各烤一火，则扭曲变量为0.5~0.8 mm）火焰宽度为25 mm~40 mm，温度约为300~350℃（考虑加热方向，对薄板可适当加上外力），如在腹板上，则在腹板上加斜火，方法同上，温度在200℃左右；扭曲校正完毕后还会产生局部的侧弯变形，要进一步完善，使之整体符合校正要求。

学习活动5　总结与评价

◇学习目标◇

1. 能对整个工作过程进行简单叙述，并展示工作成果。
2. 能反思工作过程中出现的问题或存在的不足，提出改进措施。
3. 能结合任务完成情况，撰写工作总结（心得体会）。

建议学时：4学时。

◇学习过程◇

1. 小组成员做课件汇报本组工作收获及创新工作情况。
2. 结合各个小组汇报展示的情况，反思本组工作过程并完成表9-5-1。

表9-5-1

内容名称	做得好的方面	存在问题及分析	解决方法	备注
确定工作任务				
工作准备				
装配				
焊接				
检验				
学生/小组心得体会总结				

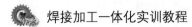

3．每位同学写一份工作总结，字数不少于300。

学习活动考核评价表

班级：	学号：		姓名：				
评价项目	评价标准	评价依据	评价方式 自我评价 40%	小组评价 60%	权重	得分小计	总分
关键能力	1. 整理、整顿、清扫、清洁、素养）、安全和节约"7S"管理意识 2. 能参与小组讨论，相互交流 3. 能积极主动、勤学好问 4. 能清晰、准确表达	1. 是否安全作业 2. 课堂表现 3. 卫生、工具、场所的保持及清洁 4. 工作页填写 5. 成果展示			15% 10% 10% 5%		
专业能力	1. 二氧化碳气体保护焊安全操作规程 2. 能采用工艺措施控制焊接应力变形 3. 能按技术要求正确选择和使用焊接材料 4. 能按技术要求完成工字梁的	1. 课堂表现 2. 工作页填写 3. 焊缝质量评分结果 4. 工字梁外形检测结果 5. 产品展示			10% 5% 5% 30% 10%		
指导教师综合评价	焊接 5. 能对工字梁的变形进行矫正 指导教师签名： 日期：						

学习任务十　自动送料装置的支架焊接

◇**学习目标**◇

1. 能阅读"自动送料装置的支架焊接"工作任务单，明确工时、技术要求以及任务要求。

2. 能识读"自动送料装置的支架"装配图、零部件图和焊缝符号。

3. 能在老师的指导下完成"自动送料装置的支架"的施工流程和工作计划。

4. 能根据焊条电弧焊安全操作规程，完成焊接作业场地安全检查和个人劳动防护用品的穿戴。

5. 能完成焊接设备二次线、装配工夹具的连接和准备。

6. 能使用适当的工夹具，采用"挡块定位法"完成"自动送料装置的支架"的装配。

7. 能根据焊接工艺卡完成"自动送料装置的支架"的焊接工艺参数的选择。

8. 能采用焊条电弧焊完成"自动送料装置的支架"的焊接。

9. 能根据"自动送料装置的支架"结构特点选择预防焊接变形的措施。

10. 能使用钢直尺、焊缝检验尺等工具完成"自动送料装置的支架"焊接的质量检测。

11. 能完成"气孔""夹渣""咬边"焊接缺陷的返修并填写任务验收单。

12. 能按"7S"要求完成焊接作业场地管理。

13 能在老师的指导下完成"自动送料装置的支架"工作总结的撰写。

◇**建议课时**◇

55 课时。

◇**学习任务描述**◇

某公司需为某客户加工生产一批自动送料装置，该装置的支架需要通过焊接加工的方式来总装完成。支架零部件下料和加工均采用机加方式进行。零部件加工完成后交付焊接车间进行支架的装配、焊接。该支架焊接采用焊条电弧焊，要求在 55 学时内完成焊接工作，具体焊接工艺和相关要求见立体图 10-1 及图纸 10-2 所示。

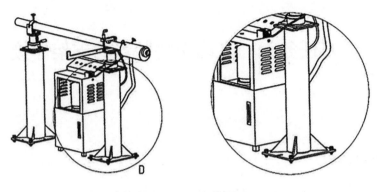

图 10-1　立体图

◇**工作流程与活动**◇

学习活动1　明确工作任务（5学时）

学习活动2　加工前的准备（6学时）

学习活动3　划线、装配（6学时）

学习活动4　焊接操作（30学时）

学习活动5　焊接检验（4学时）

学习活动6　总结与评价（4学时）

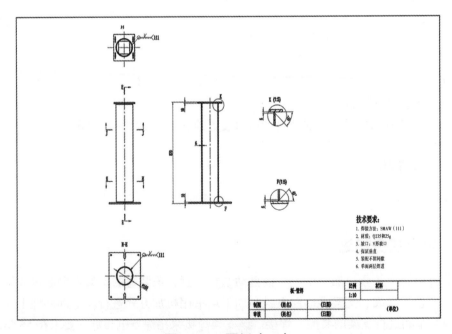

图 10-2　图纸（a）

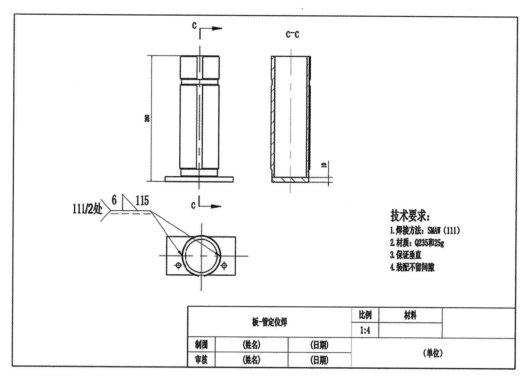

10-3　图纸（b）

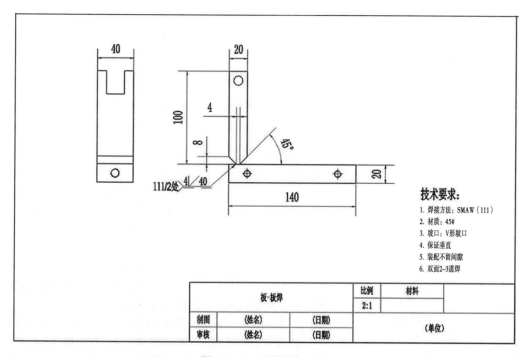

图 10-4　图纸（c）

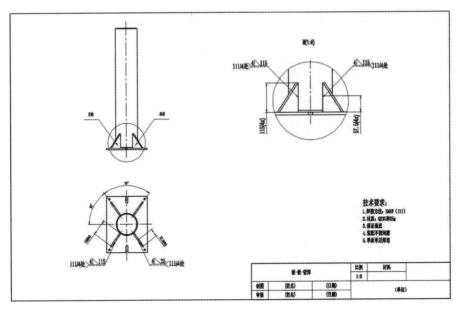

图 10-5 图纸（d）

表 10-1 焊接工艺卡（WPS）

工程名称	支架 NO.1 板–管焊			工艺卡编号			01	
材质	Q235	规格	10 mm/6 mm	焊接方法		111	焊工资格	
焊评编号				检测方式		外观	合格等级	
适用范围			厚度不大于 10 mm 的角焊缝					
焊接工艺参数	层数	焊接方法	焊材及规格	电源极性	焊接电流/A	焊接电压/V	焊接速度/Gm·min⁻¹	气体流量/（L·min⁻¹）
	1	111	J422φ2.5	交流或直流	80~90	20~26		
	2	111	J422φ3.2	交流或直流	100~120	20~26		
坡口示意图	F（1:5）			焊接技术要求	1.焊前准备：在焊接区域边缘各 20 mm 范围内，将油、污、锈、垢、氧化皮清除，直至呈现金属光泽，焊丝也要进行同样的清理；板角焊缝定位焊长度不大于 20 mm 2.焊接操作：试件只能单面焊接，试件始终处于水平位置，不的改变位置进行施焊；焊道与坡口应熔合良好，圆滑过渡，注意层间对熔渣、飞溅的清理 3.外观检查：采用目视或 5 倍放大镜进行；试件表面应保持原始状态，没有修磨和返修；焊缝表面不得有裂纹、夹渣、未熔合、未焊透、气孔和焊瘤；其它表面缺陷要求如下：咬边深度 ≤ 0.5 mm			

表 10-2　焊接工艺卡（WPS）

工程名称	支架 NO.2 板–管焊			工艺卡编号		02		
材质	Q235	规格	10 mm/6 mm	焊接方法	111	焊工资格		
焊评编号				检测方式	外观	合格等级		
适用范围	厚度不大于 10 mm 的角焊缝							

焊接工艺参数	层数	焊接方法	焊材及规格	电源极性	焊接电流 /A	焊接电压 /V	焊接速度 /（Gm·min^{-1}）	气体流量 /（L·min^{-1}）
	1	111	J422φ2.5	交流或直流	80~90	20~26		

坡口示意图	焊接技术要求
M（1:4） 4 115　111/4处 4 115　111/4处 115（4×）　57.5（4×）	1. 焊前准备：在焊接区域边缘各 20 mm 范围内，将油、污、锈、垢、氧化皮清除，直至呈现金属光泽，焊丝也要进行同样的清理；板角焊缝定位焊长度不大于 20 mm 2. 焊接操作：试件只能单面焊接，试件始终处于水平位置，不的改变位置进行施焊；焊道与坡口应熔合良好，圆滑过渡，注意层间对熔渣、飞溅的清理 3. 外观检查：采用目视或 5 倍放大镜进行；试件表面应保持原始状态，没有修磨和返修；焊缝表面不得有裂纹、夹渣、未熔合、未焊透、气孔和焊瘤；其它表面缺陷要求如下：咬边深度 ≤ 0.5 mm

表 10-3　焊接工艺卡（WPS）

工程名称	支架 NO.3 板 - 板焊		工艺卡编号			03	
材质	Q235	规格	20 mm	焊接方法	111	焊工资格	
焊评编号				检测方式	外观	合格等级	
适用范围	厚度不大于 25 mm 的角焊缝						
焊接工艺参数	层数	焊接方法	焊材及规格	电源极性	焊接电流 /A	焊接电压 /V	焊接速度 / (Gm · min^{-1})	气体流量 / (L · min^{-1})
	1	111	J422φ3.2	交流或直流	80~90	20~26		
	2	111	J422φ3.2	交流或直流	80~90	20~26		

坡口示意图		焊接技术要求	1. 焊前准备：在焊接区域边缘各 20 mm 范围内，将油、污、锈、垢、氧化皮清除，直至呈现金属光泽，焊丝也要进行同样的清理；板角焊缝定位焊长度不大于 20 mm 2. 焊接操作：试件只能单面焊接，试件始终处于水平位置，不的改变位置进行施焊；焊道与坡口应熔合良好，圆滑过渡，注意层间对熔渣、飞溅的清理 3. 外观检查：采用目视或 5 倍放大镜进行；试件表面应保持原始状态，没有修磨和返修；焊缝表面不得有裂纹、夹渣、未熔合、未焊透、气孔和焊瘤；其它表面缺陷要求如下：咬边深度 ≤ 0.5 mm

表 10-4　焊接工艺卡（WPS）

工程名称	支架 NO.4 板 - 管定位焊		工艺卡编号		04			
材质	Q235	规格　10 mm	焊接方法	111	焊工资格			
焊评编号			检测方式	外观	合格等级			
适用范围	厚度不大于 10 mm 的角焊缝							
焊接工艺参数	层数	焊接方法	焊材及规格	电源极性	焊接电流 /A	焊接电压 /V	焊接速度 / (Gm·min⁻¹)	气体流量 / (L·min⁻¹)
	1	111	J422φ3.2	交流或直流	100~120	100~120		

坡口示意图

焊接技术要求

1. 焊前准备：在焊接区域边缘各 20 mm 范围内，将油、污、锈、垢、氧化皮清除，直至呈现金属光泽，焊丝也要进行同样的清理；板角焊缝定位焊长度不大于 20 mm

2. 焊接操作：试件只能单面焊接，试件始终处于水平位置，不的改变位置进行施焊；焊道与坡口应熔合良好，圆滑过渡，注意层间对熔渣、飞溅的清理

3. 外观检查：采用目视或 5 倍放大镜进行；试件表面应保持原始状态，没有修磨和返修；焊缝表面不得有裂纹、夹渣、未熔合、未焊透、气孔和焊瘤；其它表面缺陷要求如下：咬边深度 ≤ 0.5 mm

学习活动 1　明确工作任务

◇学习过程◇

1. 能阅读"自动送料装置的支架焊接"工作任务单，明确工时、技术要求以及任务要求。
2. 能识读"自动送料装置的支架"装配图、零部件图和焊缝符号。
3. 能在老师的指导下完成"自动送料装置的支架"的施工流程和工作计划。

建议学时：5 学时。

◇学习过程◇

一、阅读"自动送料装置的支架"焊接任务单，回答问题

自动送料装置支架任务单

生产派工单			
开单部门：＿＿＿＿＿＿＿＿＿		开单人：＿＿＿＿＿＿＿＿＿	
开单时间：＿＿＿年＿＿月＿＿日＿＿时		接单人：＿＿＿小组（签名）＿＿＿	
以下由开单人填写			
任务名称	自动送料装置支架	完成工时	55
工件平面图形	见产品零件图		
技术要求	1. 采用焊条电弧焊焊接（焊接方法代号 111） 2. 坡口采用单边 V 形、I 形坡口，无间隙装配 3. 焊缝外观不得出现气孔、夹渣和深度＞0.5 mm 的咬边，焊缝周围的飞溅、焊渣应清理干净		
以下由接单人填写			
领取材料	零部件：见图纸 焊接材料：E4303（J422），φ2.5 mm、φ3.2 mm		库管员： 　　年　　月　　日

续表

领取设备与工具	1. 直流／氩弧焊机（交流焊接）。 2. 辅助工具：钢直尺、角尺、榔头、清渣用錾子、石笔、划针、平尺等 库管员： 年　　　月　　　日
自检	库管员： 年　　　月　　　日
专检	库管员： 年　　　月　　　日

二、任务派工单识读

1. 自动送料装置支架焊接工作具体内容是什么？都有哪些具体技术要求？

2. 分组讨论，在老师的指导下制定该任务的工作流程或步骤。

3. 自动送料装置支架采用的是哪种焊接方法？操作人员的劳动防护用品有哪些？

4. 请大家运用所学的焊缝符号知识，解释支架焊接装配图纸中焊缝符号与焊接方法代号的含义。

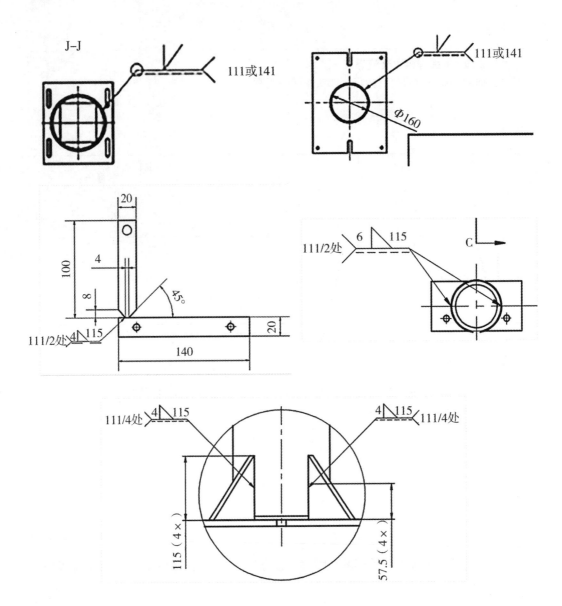

三、评价

同学们根据对任务派工单内容的学习，完成自我评价内容。

自我评价表

序号	项目	自我评价		
		8~10	6~7	1~5
1	学习兴趣			
2	正确理解工作任务			
3	遵守纪律			
4	学习主动性			
5	学习准备充分、齐全			
6	协作精神			
7	时间观念			
8	仪容仪表符合活动要求			
9	语言表达规范			
10	工作效率与工作质量			
总评		体会：		

学习活动 2　加工前的准备

◇学习目标◇

1. 能叙述焊条电弧焊的基本原理。
2. 能区分直流焊条电弧焊机和交流焊条电弧焊机。
2. 能完成直流焊条电弧焊机或交流焊条电弧焊机的二次线连接。
3. 能区分酸性焊条与碱性焊条以及各自的性能特点。
4. 能完成焊接电缆和焊钳的安装。
5. 能说出自动送料装置支架零件图纸中焊接坡口的类型和焊缝形式。
6. 能完成焊接作业场地的安全检查。

建议学时：6 学时。

◇学习过程◇

一、焊接设备的准备

1. 查阅《焊工工艺学（第四版）》，写出焊条电弧焊的基本原理。

2. 手工焊条电弧焊焊接回路一般是由哪几部分组成的？

3. 查阅《焊工工艺学（第四版）》，写出我国手工焊条电弧焊机分类的基本原则是什么？

4. 查阅《焊工工艺学（第四版）》，学习电焊机知识，用线条连接与焊机图片相对应的焊机名称。

ZX5-500K

交流焊条电弧焊机

BX1-315

直流焊条电弧焊机

ZX7-500SX

交流焊条电弧焊机

BX3-300

直流焊条电弧焊机

5. 参观焊接实训现场，在老师的指导下认识表 10-2-1 中的焊接辅助工具。

表 10-2-1　焊接辅助工具

序号	图片	名称	作用
1			
2			
3			
4			
5			
6			
7			
8			

二、焊接工艺准备

查阅《焊工工艺学（第四版）》，学习焊条电弧焊机二次线的连接方法和特点。

1. 焊条电弧焊电源有几种？直流焊条电弧机极性有几种？它们选择的原则是什么？

2. 观摩老师进行交流焊机和直流焊机接地线的连接操作，简要写出老师的操作步骤，尝试独立完成交流焊机和直流反接法的接地线连接练习。

老师操作步骤：

3. 焊接构件都是由焊接接头组成，焊接接头一般都有哪些基本形式？

4. 查阅《焊工工艺学（第四版）》或安全用电资料，完成焊接设备安全用电知识的作业。

5. 我们在开关带电设备时，对操作人员的基本要求有哪些？

6. 结合安全用电知识，判断表 10-2-2 中的哪些操作符合电气设备安全操作规程，并说出理由。

表 10-2-2　电器设备操作

电气设备开关图片	是否正确	理由

三、焊接材料准备

学习焊条的相关知识，完成焊接材料知识的学习。图 10-2-1 所示为焊条的组成。

1. 焊接用焊条在焊接过程中的作用都有哪些？它能否对焊接构件的质量造成影响？

2. 焊条的大小用什么来表示？常用的规格都有哪些？

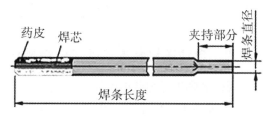

图 10-2-1　焊条的组成

3. 焊条是由焊芯和药皮组成的，那么焊芯的作用都有哪些？

4. 焊条药皮的作用有哪些？酸性药皮和碱性药皮的特点都有哪些？

5. 查阅《焊工工艺学（第四版）》，完成酸性焊条和碱性焊条工艺的对比（表10-2-3）。

表 10-2-3　酸性焊条和碱性焊条工艺的对比

序号	酸性焊条	碱性焊条
1	使用前须经 75~150℃烘干，保温 1~2 小时	使用前须经 350~400℃烘干，保温 1~2 小时
2	电弧稳定，可使用或直流施焊	必须使用直流施焊
3	焊接电流较	焊接电流比同规格的酸性焊条 10% 左右
4	可弧操作	必须弧操作，否则易引起气孔
5	熔深较，焊缝成形较	熔深较，焊缝成形
6	焊接时烟尘	焊接时烟尘

四、自动送料装置支架定位焊操作

观摩老师进行焊条电弧操作，完成焊接电弧的引弧和运条操作练习。

1. 焊条电弧焊电弧的引弧方法有两种（图10-2-2）：一种是_____引弧法，另一种是_____引弧法。

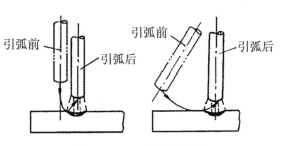

图 10-2-2　引弧方法

2. 观摩老师操作，查阅《焊工工艺学（第四版）》，总结划擦引弧法的操作要点。

3. 观摩老师操作，查阅《焊工工艺学（第四版）》，总结直击引弧法的操作要点。

4. 查阅《焊工技能训练》分析焊接过程中，运条的三个基本运动（图 10-2-3），完成表 10-2-4 中的填空。

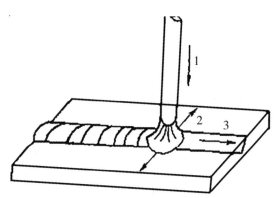

1—焊条的送进；2—焊条的摆动；3—沿焊缝移动

图 10-2-3　焊条的三个基本运动

表 10-2-4　焊条运动特性

焊条运动方向	目的	操作注意事项
沿焊条中心向熔池送进		
沿焊接方向均匀移动		
横向摆动		
焊条与焊接方向保持角度		

5. 焊条的＿＿＿＿＿是为了对焊件输入足够的热量以便于排气、排渣，并获得一定宽度的焊缝或焊道。焊接过程中，上述三个动作不能机械地分开，而应相互协调，才能焊出满意的焊缝。

五、学习评价

各个小组可以通过不同的形式展示本组学员对本次教学活动的理解，本人完成"自我评价"，本组组长完成"小组评价"内容；课余时间教师完成"教师评价"内容。

表 10-2-5 学习活动评价表

序号	项目	自我评价			小组评价			教师评价		
		8~10	6~7	1~5	8~10	6~7	1~5	8~10	6~7	1~5
1	学习兴趣、纪律									
2	识读零件图									
3	焊接设备的开关与连接									
4	识读焊缝符号									
5	焊接电弧的引燃									
6	协作精神									
7	时间观念									
8	仪容仪表符合活动要求									
9	语言表达规范									
10	工作效率与工作质量									
	总评									

学习活动 3　划线、装配

◇学习目标◇

1. 能叙述控制焊接变形的方法和影响变形的因素。
2. 能区分楔条夹具、杠杆夹具、磁力夹具的种类。
3. 能使用钢直尺完成支架平行度、同心度的测量。
4. 能够采用正装的装配方法完成支架的装配。
5. 能使用焊条电弧焊完成支架的定位焊装配。
6. 能使用角尺、钢直尺等量具完成支架装配质量的检测。
7. 焊条电弧焊定位焊基本要求。

建议学时：6 学时。

◇学习过程◇

一、自动送料装置支架焊接变形的原因与控制

1. 查阅《焊工工艺学（第四版）》，解释焊接变形产生的主要原因是什么。

2. 在图 10-3-1 中的各图下方填写正确的焊接变形名称。

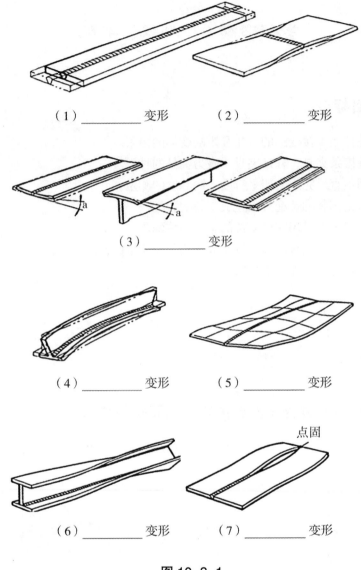

（1）_____变形　　　　（2）_____变形

（3）_____变形

（4）_____变形　　　　（5）_____变形

点固

（6）_____变形　　　　（7）_____变形

图 10-3-1

3. 自动送料装置支架的焊接时总会产生焊接变形，那么我们在生产过程中为控制构件的焊接变形应该从哪几个方面来考虑？

4. 控制构件焊接变形应该从设计措施和工艺措施两方面来考虑，那么工艺措施都有哪些具体内容呢？

5. 查阅《冷作工工艺与技能训练》，完成以下装配知识的学习。

（1）查阅相关资料，简单叙述什么是装配，装配的三个基本条件有哪些？

（2）查阅《冷作工工艺与技能训练》，写出下列三种零件定位方法的名称及步骤：

1.

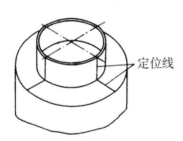

2.

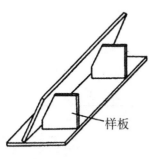

3.

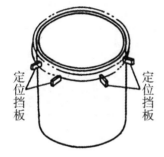

（3）定位元件可以根据工件的定位需要，固定在工件或平台上，也可以是活动的。对于筋板类零件，可以使用磁性焊接角尺作为定位挡块，以提高装配效率，如图10-3-2与图10-3-3所示。

图 10-3-2　磁性焊接角尺图　　　10-3-3　利用磁性焊接角尺垂直度定位

（4）同心度是指构件上具有同一轴线的零件，装配时其轴线的程度。确保自动送料装置的支架管子与钢板的同心度可以通过在钢板中心上画出管子的断面形状，然后进行装配。

（5）查阅图纸和《冷作工工艺与技能训练》，分析图10-3-4所示上下钢板平行度是通过什么方法来进行检测的，并写出实施步骤。

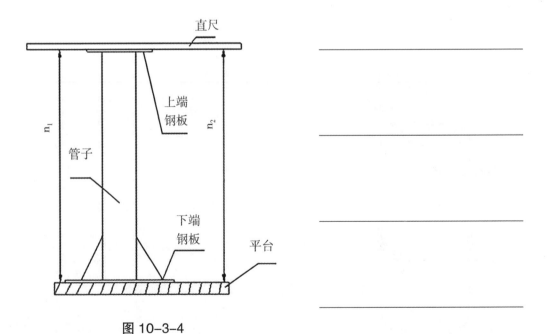

图 10-3-4

（6）查阅《冷作工工艺与技能训练》中测量垂直度的方法，分析图 10-3-5 所示管子与下钢板垂直度是怎样检测的，并写出两种以上的测量方法。

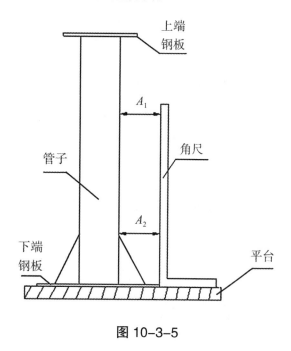

图 10-3-5

（7）金属结构件的装配方式，按装配时结构的位置划分，主要有正装、_____和
_____三种。所谓正装，是指工件在装配中所在的位置与它的工作位置相同。

学习活动 4　焊接操作

◇学习目标◇

1．能叙述焊条电弧焊工艺参数的种类和选择原则。
2．能独立完成交流焊机电流的粗、细调节和直流焊机电流的调整。
3．能叙述焊条电弧焊 T 型接头横角焊、立角焊的操作方法。
3．能叙述焊条电弧焊管 – 板横角焊的操作方法。
4．能叙述板 – 板单面坡口对接焊的操作方法。
5．能完成支架的焊接操作。

建议学时：30 学时。

◇学习过程◇

一、自动送料装置支架板 – 板管焊接（平角焊）

1．焊条电弧焊焊接工艺参数的选择。

（1）焊条电弧焊的焊接过程中有诸多的物理量需要进行选择，查阅《焊工工艺学（第四版）》，明确焊条电弧焊主要工艺参数都有哪些。

（2）焊条直径的选择与哪些因素有关？请简要写出来。

（3）我们在焊接时要根据焊条直径、接头形式、焊缝所处空间位置等因素来选择焊接电流。焊接电流选择是否合适将直接影响到焊接过程的稳定性和焊接质量的好坏。因此，焊接电流的选择非常重要。那么焊接电流若选择不当，将会对焊缝质量造成哪些不良后果？

（4）影响焊接电流选择的因素有哪些？写出一个选择焊接电流的经验公式。

2. 认真阅读焊条电弧焊平角焊操作工艺分析，观摩老师操作，完成焊条电弧焊平角焊的操作训练。

（1）平角焊是在角接焊缝倾角 0°~180°、转角 45° 或 135° 的角接焊接位置的焊接，如图 10-4-1 所示。

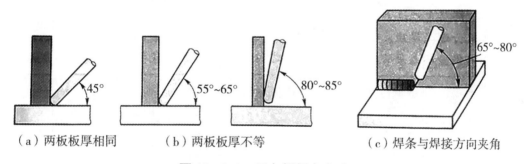

（a）两板板厚相同   （b）两板板厚不等   （c）焊条与焊接方向夹角

图 10-4-1 平角焊焊条角度

平角焊时，一般焊条与两板成 45°，与焊接方向成 65°~80°。当两板板厚不等时，要相应调整焊条角度，使电弧偏向厚板一侧，增加厚板所受热量，使厚、薄两板受热趋于均匀，以保证接头良好的熔合及焊脚高度和宽度相同。平角焊操作过程中，要调整好焊条角度，保持电弧长度在 2~3 mm，焊接电流以能观察到液态金属并有熔渣覆盖为宜，控制焊道搭接量在 1/2~2/3，并注意层间熔渣的清理等，即可获得较好的焊接质量。

（2）通过前期对技能操作的学习，大家按照图 10-4-2 所示，完成焊条电弧焊平角焊的焊接操作。评分标准如表 10-4-1 所示。

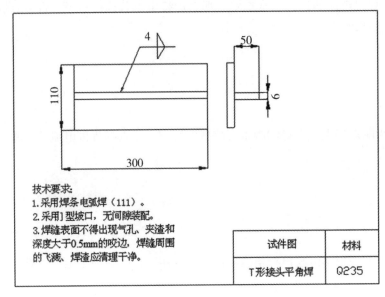

技术要求:
1.采用焊条电弧焊（111）。
2.采用]型坡口，无间隙装配。
3.焊缝表面不得出现气孔、夹渣和深度大于0.5mm的咬边，焊缝周围的飞溅、焊渣应清理干净。

试件图	材料
T形接头平角焊	Q235

图 10-4-2　焊条电弧焊平角焊的焊接操作要求

表 10-4-1　焊条电弧焊平角焊评分标准

序号	考核内容	考核要点	配分	评分标准	扣分	得分
1	设备与场地安全准备	焊机、工具的焊前准备	5	焊机是否按要求进行安全连接；焊机一、二次导线是否有破损		
		正确使用焊机	5	作业现场是否有易燃易爆物质；是否按规定存放；是否存在安全隐患等		
2	焊缝外观质量	焊脚尺寸	14	4~6		
		焊缝高低差	14	>1 mm		
		焊缝接头	7	接头超高		
				有弧坑		
		焊缝成形	7	过渡圆弧圆滑成形美观		
		气孔、夹渣、未熔合	14	有任意一项则该项为零分		
		弧坑	7	弧坑>0.5 mm		
		咬边	7	深度>0.5 mm 且长度>5 mm		
3	6S 管理实施	劳保用品	4	劳保用品未按要求穿戴		
		焊接过程	4	焊接过程中有无违反安全操作现象		
		现场清理	2	现场是否清理干净，工具是否摆放整齐		
4	焊缝表面是否保持原始状态		10	试件是否有修磨、补焊等破坏焊缝表面现象		

二、自动送料装置支架板－板管焊接（立角焊）

学习下面关于立角焊的资料，观摩老师进行立角焊的操作，完成自动送料装置支架板－板管焊接（立角焊）的学习。

焊接电流应比横角焊小 10%~15%，在工艺规范内尽量选择中等规范值。由于焊接熔池的大小与焊条直径很大关系，熔池过大，金属容易下淌，所以立焊时焊条直径一般不超过 4 mm。焊接过程中，为了使两焊件能够均匀受热，形成熔池，在焊接时焊条应处于两焊件的交线处接口，在两焊件板面的角平分线上，并使焊条下倾与焊件成 75°~85°（图 10-4-3），利用电弧吹力对熔池向上的推力作用，使熔滴顺利过渡并托住熔池。立角焊焊接时一定要采用短弧焊接。一般来

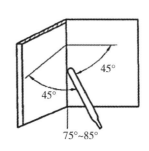

图 10-4-3　立角焊的焊条角度

讲，所谓的短弧是指焊接时电弧长度为焊条直径的 0.5~1.0 倍，采用短弧焊接不仅能保证电弧精准的将熔滴过渡到位，避免高电压使熔池温度增加，同时更能防止空气进入熔池产生气孔。立角焊与其他空间位置的焊接一样，关键是如何控制熔池的温度，焊接时应根据熔池的温度高低，焊条要做有节奏的摆动，通过摆动来使温度高的金属降低，一般来说，焊接时应始终将熔池形状保持为椭圆形（图 10-4-4）。焊条摆动也就是我们俗称的"运条"，它主要是根据不同_____的要求来选择（图 10-4-5）。对于板厚较小、焊脚尺寸不大的焊缝可采用直线往返运条；对于板厚较大、焊脚尺寸较大的焊缝则可采用月牙形、三角形、锯齿形运条。

（a）正常　（b）温度稍高　（c）温度过高

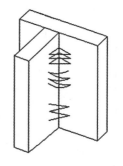

图 10-4-4　熔池形状与熔池温度的关系　　图 10-4-5　立角焊的常用运条方法

（1）立角焊焊接电流与平角焊焊接电流相比哪个要大些？为什么？

（2）立角焊焊接时焊条角度应该选择多少？为什么？

（3）什么是短弧操作？立角焊焊接时采用短弧操作的优点有哪些？

（4）立角焊焊接时，一般采用哪几种运条方法？

（5）通过前期对技能操作的学习，大家按照图 10-4-6 所示完成焊条电弧焊立角焊的焊接操作，评分标准附后。

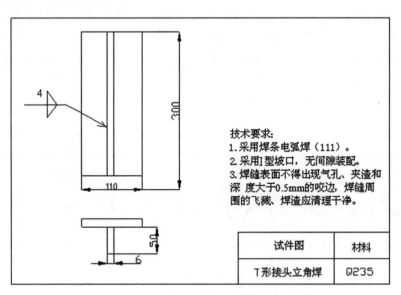

技术要求：
1.采用焊条电弧焊（111）。
2.采用I型坡口，无间隙装配。
3.焊缝表面不得出现气孔、夹渣和深度大于0.5mm的咬边，焊缝周围的飞溅、焊渣应清理干净。

试件图	材料
T形接头立角焊	Q235

图 10-4-6　焊条电焊弧立角焊的焊接操作

表 10-4-2　立角焊评分表

序号	考核内容	考核要点	配分	评分标准	扣分	得分
1	设备与场地安全准备	焊机、工具的焊前准备	5	焊机是否按要求进行安全连接；焊机一、二次导线是否有破损		
		正确使用焊机	5	作业现场是否有易燃易爆物质；是否按规定存放；是否存在安全隐患等		
2	焊缝外观质量	焊脚尺寸	14	4~6		
		焊缝高低差	14	>1 mm		
		焊缝接头	7	接头超高		
		焊缝成形	7	有弧坑		
				过渡圆弧圆滑成形美观		
		气孔、夹渣、未熔合	14	有任意一项则该项为零分		
		弧坑	7	弧坑>0.5 mm		
		咬边	7	深度>0.5 mm且长度>5 mm		
3	6S 管理实施	劳保用品	4	劳保用品是否按要求穿戴		
		焊接过程	4	焊接过程中有无违反安全操作现象		
		现场清理	2	现场是否清理干净，工具是否摆放整齐		
4	焊缝表面是否保持原始状态		10	试件是否有修磨、补焊等破坏焊缝表面现象		

三、自动送料装置支架管板焊接

学习下面关于支架管板焊接的资料，观摩老师进行立角焊的操作，完成自动送料装置支架管板焊接的学习。

（1）管板焊接操作时，要随焊接位置的变化，适时调整相应的焊条角度，并控制好熔池的熔化状态；时刻注意熔渣不要超前，以免产生夹渣和未熔合等缺陷。

（2）垂直固定俯位管板操作要点：

打底焊道采用连弧法，在定位焊相对称的位置、孔板坡口内引弧，拉长电弧稍加预热（酸性焊条），待其两侧接近熔化温度时，向孔板一侧移动，压低电弧使孔板坡口击穿形成熔孔，然后用直线运条法进行正常焊接。焊条与管子外壁的夹角为10°~15°，与管子的切线成60°~70°，如图 10-4-7 所示。焊接过程中，焊条角度要求不变，随管子弧度移动，速度要均匀，电弧在坡口根部与管子边缘应作停留，保持短弧操作，使电弧 1/3 在熔池前，用来击穿和熔化坡口根部，2/3 覆盖在熔池上。电弧稍偏向管子以保证两侧熔合良好，保持熔池大小和形状基本一致，避免产生未焊透和夹渣。盖面焊之前，要认真清理打底焊道的熔渣，避免引起盖面焊缝夹渣。盖面焊必须保证焊脚尺寸。采用一道焊，焊条选用直径稍大的 φ3.2 mm 的焊条，焊接电流焊道紧靠上一层焊道，焊条角度与管子外壁的夹角为 45°~60°，与管子的切线角度同打底焊道相同。

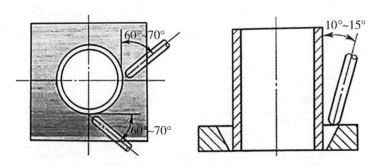

图 10-4-7　垂直俯位管板焊条角度示意图

表 10-4-3　管板焊接工艺参数

焊接层次	焊条直径 / mm	焊接电流 /A	运条方法
打底层	φ2.5	75~85	直线形运条法
盖面层	φ3.2	100~120	直线形或小斜圆圈形运条法

（3）管板焊接操作时，焊条与管子外壁的夹角是多少？焊条与管子的切线夹角是多少？

（4）观摩老师进行管板的焊接操作，完成管板焊接并写出操作要点。

（5）按评分表（表10-4-4）要求，完成管板的焊接操作。

表 10-4-4 管板焊评分表

序号	考核内容	考核要点	配分	评分标准	扣分	得分
1	设备与场地安全准备	焊机、工具的焊前准备	5	焊机是否按要求进行安全连接；焊机一、二次导线是否有破损		
		正确使用焊机	5	作业现场是否有易燃易爆物质；是否按规定存放；是否存在安全隐患等		
2	焊缝外观质量	焊脚尺寸	14	6~8		
		焊缝高低差	14	＞1 mm		
		焊缝接头	7	接头超高		
				有弧坑		
		焊缝成形	7	过渡圆弧圆滑成形美观		
		气孔、夹渣、未熔合	14	有任意一项则该项为零分		
		弧坑	7	弧坑＞0.5 mm		
		咬边	7	深度＞0.5 mm 且长度＞5 mm		
3	"6S"管理实施	劳保用品	4	劳保用品是否按要求穿戴		
		焊接过程	4	焊接过程中有无违反安全操作现象		
		现场清理	2	现场是否清理干净，工具是否摆放整齐		
4		焊缝表面是否保持原始状态	10	试件是否有修磨、补焊等破坏焊缝表面现象		

四、自动送料装置板 – 板的焊接（开坡口的角接接头）

引导问题：

在老师的指导下查阅资料，回答下面的问题，完成角接接头单边 V 形坡口对接焊的学习。

（1）通过完成前面任务，分析该任务与前面任务的不同点，并记录下来。

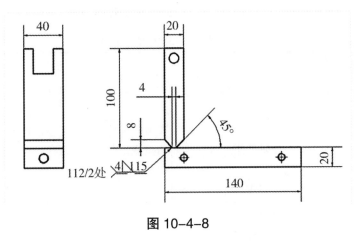

图 10-4-8

（2）分析该零件结构特点，提出预防和控制焊接变形的措施。

（3）按评分表（表 10-4-5）要求，完成自动送料装置板 – 板的焊接操作。

表 10-4-5　自动送料装置板 – 板焊接评分表

序号	考核内容	考核要点	配分	评分标准	扣分	得分
1	设备与场地安全准备	焊机、工具的焊前准备	5	焊机是否按要求进行安全连接；焊机一、二次导线是否有破损		
		正确使用焊机	5	作业现场是否有易燃易爆物质；是否按规定存放；是否存在安全隐患等		
2	焊缝外观质量	焊脚尺寸	14	4~6		
		焊缝高低差	14	> 1 mm		
		焊缝接头	7	接头超高		
				有弧坑		
		焊缝成形	7	过渡圆弧圆，滑成形美观		
		气孔、夹渣、未熔合	14	有任意一项则该项为零分		
		弧坑	7	弧坑 > 0.5 mm		
		咬边	7	深度 > 0.5 mm 且长度 > 5 mm		
3	6S 管理实施	劳保用品	4	劳保用品是否按要求穿戴		
		焊接过程	4	焊接过程中有无违反安全操作现象		
		现场清理	2	现场是否清理干净，工具是否摆放整齐		
4	焊缝表面是否保持原始状态		10	试件是否有修磨、补焊等破坏焊缝表面现象		

— 200 —

五、评价

各个小组可以通过不同的形式展示本组学员完成的工作计划表和列举的工具清单，本人完成"自我评价"，本组组长完成"小组评价"内容；课余时间教师完成"教师评价"内容。

表 10-4-6　评价表

序号	项目	自我评价			小组评价			教师评价		
		8~10	6~7	1~5	8~10	6~7	1~5	8~10	6~7	1~5
1	学习兴趣									
2	遵守纪律									
3	计划表达形式									
4	自动送料装置支架板 – 板管焊接（平角焊）									
5	自动送料装置支架板 – 板管焊接（立角焊）									
6	自动送料装置支架管板焊接									
7	自动送料装置板 – 板的焊接（开坡口的角接接头									
8	协作精神									
9	查阅资料的能力									
10	工作效率与工作质量									
	总评									

学习活动 5 焊接检验

◇学习目标◇

1. 能识读焊缝检测工具和使用方法。
2. 能使用焊缝检测工具完成焊缝外观尺寸的检测。
3. 能区分气孔、夹渣和咬边三种焊接的缺陷。
4. 能叙述气孔、夹渣和咬边三种焊接缺陷产生的原因。

建议学时：4学时。

◇学习过程◇

一、焊缝质量的检验

1. 查阅资料，写出焊接缺欠的定义和分类。

焊接缺欠：_____

焊接缺欠的分类：_____

2. 查阅资料，分析气孔、夹渣、咬边对焊接质量的影响。

3. 在下面横线处填写出焊缝检验尺所检测的项目名称。

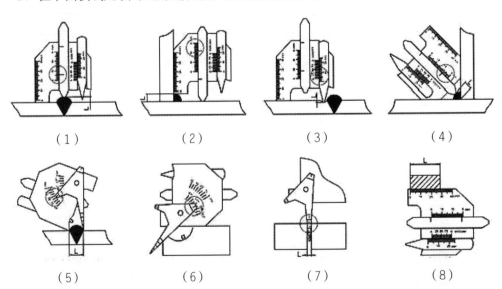

（1）　　　　　（2）　　　　　（3）　　　　　（4）

（5）　　　　　（6）　　　　　（7）　　　　　（8）

（1）＿＿＿＿＿＿＿＿＿＿＿＿　　　　（2）＿＿＿＿＿＿＿＿＿＿＿＿

（3）＿＿＿＿＿＿＿＿＿＿＿＿　　　　（4）＿＿＿＿＿＿＿＿＿＿＿＿

（5）＿＿＿＿＿＿＿＿＿＿＿＿　　　　（6）＿＿＿＿＿＿＿＿＿＿＿＿

（7）＿＿＿＿＿＿＿＿＿＿＿＿　　　　（8）＿＿＿＿＿＿＿＿＿＿＿＿

4. 对照支架图纸，选择合适的检测尺，完成支架焊缝外观质量的测量并填写下表。

检测项目	图样尺寸 / mm	实测尺寸 / mm	检测结果
管板定位焊	6		
板 – 板焊	4		
板 – 板 – 管焊	4		
板 – 管焊	4		

学习活动 6   总结与评价

◇学习目标◇

1. 能通过对工作过程的阐述，培养良好的沟通表达能力。
2. 能通过成果展示，使学生的专业能力、社会能力得到全面培养。
3. 能反思工作过程中存在的不足，为今后工作积累经验。

建议学时：4学时。

◇学习过程◇

自动送料装置支架的焊接工作总结

1. 通过自动送料装置支架焊接成果的展示，结合自身和同学的工作过程进行分析总结，并找出工作过程中存在的问题。请填写表10-6-1。用张贴的方式，每组派一位学生进行讲述，其他组点评，最后教师点评。

表 10-6-1   自动送料装置支架焊接过程总体评价表

内容名称	做得好的方面	存在问题及分析	解决方法	备注
确定工作任务				
工作准备				
装配				
焊接				
检验				
学生/小组心得体会总结				

2. 结合你完成任务的情况，撰写一份不少于300字的工作总结。

学习任务十一　不锈钢组合件的焊接

◇**学习目标**◇

1. 能识读生产派工单、任务书及工艺卡上的相关信息。
2. 了解什么是不锈钢，不锈钢是怎么进行分类的
3. 认识常见不锈钢的焊接性和焊接方法。
4. 了解什么是气体保护焊及气体保护焊的分类方法。
5. 知道氩弧焊的工作原理及其特点。
6. 认识氩弧焊设备及氩弧焊设备的组成部分，并能进行简单的设备维修。
7. 能按照国家标准《焊接与切割安全》检查场地安全，准备工量具、材料及设备。
8. 能按图纸进行正确划线、放样及下料。
9. 能熟练地进行氩弧焊设备操作。
10. 能结合图纸对不锈钢组合件进行焊接工艺编制。
11. 通过编写的焊接工艺对不锈钢组合件进行焊接。
12. 通过对组合件的焊接改进焊接工艺。
13. 能对氩弧焊焊接过程中常见的缺陷进行识别并得出预防措施。
14. 能依据"7S"标准，清理、清扫工作现场，整理工作区域的设备、工具，正确回收和处理边角料。

◇**建议课时**◇

40 学时。

◇**学习任务描述**◇

近期，焊接车间接到一批压力容器焊接任务。该压力容器主要以不锈钢制成，厚度为 3 mm，为了保证该压力容器能够达到工作压力和致密性，要求采用氩弧焊焊接完成，并且在 40 学时内完成任务后做水压试验，检

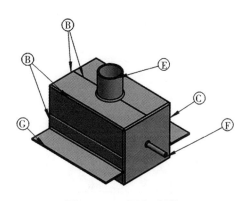

图 11-1　压力容器

验合格方可交接产品，具体焊接工艺和相关要求见附后图纸及立体图。

◇工作流程与活动◇

学习活动 1　明确工作任务（4 学时）
学习活动 2　焊接前的准备及装配（10 学时）
学习活动 3　焊接加工及工艺编制（12 学时）
学习活动 4　焊缝质量检验（4 学时）
学习活动 5　总结与评价（4 学时）

学习活动 1　明确工作任务

◇学习目标◇

1.、能识读生产派工单、工艺卡上的信息，明确工作任务的内容及要求。
2. 知道什么是不锈钢，了解不锈钢是如何分类的。
3. 能进行资料查询或网络搜索，获取相关信息。
4. 了解不锈钢的焊接性和焊接方法。

建议学时：4 学时。

◇学习过程◇

一、识读装配图，阅读生产任务单，明确加工任务

1. 不锈钢结构件材料清单（见表 11-1-1）。

表 11-1-1　材料清单

序号	名称	数量	尺寸类型 /mm
1	A	1	板 $200 \times 122 \times 3$
2	B	6	板 $200 \times 61 \times 3$
3	C	1	板 $122 \times 122 \times 3$，中心开孔 $\varphi 9$
4	D	2	板 $122 \times 61 \times 3$
5	E	1	管 $\varphi 50 \times 3 \times 50$
6	f	1	管 $\varphi 8 \times 50$
7	G	2	板 $200 \times 50 \times 3$

2. 不锈钢组合件装配图（图 11-1-1）。

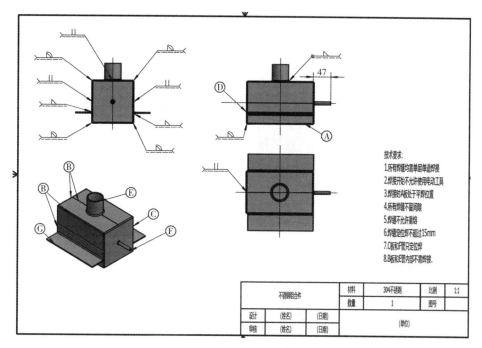

图 11-1-1 不锈钢组合件装配图

3. 材料加工验收单（见表 11-1-2）。

表 11-1-2 材料加工验收单

开单部门	焊割车间			开单人	
开单时间	年 月 日			接单人	
任务名称	下料及坡口的加工			完成工时	2 天
加工任务	序号	材料	数量	规格 / mm	技术要求
	1	不锈钢板	1件	200×122×3	按图样要求
	2	不锈钢板	6件	200×61×3	按图样要求
	3	不锈钢板	1件	122×122×3	按图样要求
	4	不锈钢板	2件	122×61×3	按图样要求
	5	不锈钢管	1	φ50×3×50	按图样要求
	6	不锈钢管	1	φ8×3×50	按图样要求
	7	不锈钢板	2	200×50×3	按图样要求
自检情况				（签名） 年 月 日	
验收情况				（签名） 年 月 日	

小作业 1：根据装配图和生产任务单，切割加工材料为 _____，通过上网搜索或者查阅教科书，查找相应知识点，请大家讨论此种材料常用的切割加工方法有哪些？

讨论记录：

小作业 2：查阅资料，说说该种材料切割加工过程中有哪些注意事项。

二、阅读工艺卡片

小作业 3：根据装配图、生产任务单及工艺卡总结我们的切割加工任务。

切割板材	材质	数量	规格	是否开坡口
A				
B				
C				
D				
E				
f				
G				

小作业 4：通过阅读工艺卡片，同学们还了解了哪些信息？

三、评价

教师评价重点是评价学生对装配图、生产任务单及工艺卡的识读、掌握情况，是否明确了生产任务。

各个小组可以通过不同的形式展示本组学员对本学习活动的理解，本人完成"自我评价"，本组组长完成"小组评价"内容；课余时间教师完成"教师评价"内容。

表 11-1-3 评价表

序号	项目	自我评价			小组评价			教师评价		
		8~10	6~7	1~5	8~10	6~7	1~5	8~10	6~7	1~5
1	学习兴趣									
2	现场勘察效果									
3	遵守纪律									
4	观察分析能力									
5	材料准备充分、齐全									
6	协作精神									
7	时间观念									
8	仪容、仪表符合活动要求									
9	沟通能力									
10	工作效率与工作质量									
	总评									

四、知识拓展

（一）不锈钢简介

在不锈钢中，奥氏体不锈钢比其他不锈钢具有更优良的耐腐蚀性、耐热性和塑性，且焊接性良好，因此应用最为广泛。表 11-1-4 所示为常用不锈钢新旧牌号对照。

表 11-1-4 常用不锈钢新旧牌号对照

不锈钢类	新牌号（GB/T 20878—2007）	旧牌号（GB/T 4236—1992）
奥氏体不锈钢	022Cr19Ni10	00Cr19Ni10
	06Cr19Ni10	0Cr18Ni9
	12Cr18Ni9	1Cr18Ni9
	10Cr18Ni12	1Cr18Ni12
	06Cr25Ni20	0Cr25Ni20
	06Cr23Ni13	0Cr23Ni13
	06Cr18Ni11Ti	0Cr18Ni10Ti
	07Cr19Ni11Ti	1Cr18Ni11Ti
	06Cr18Ni11Nb	0Cr18Ni11Nb
奥氏体－铁素体不锈钢	022Cr18Ni5Mo3Si2N	00Cr18Ni5Mo3Si2
	14Cr18Ni11Si4A1Ti	1Cr18Ni11Si4A1Ti
	12Cr21Ni5Ti	1Cr21Ni5Ti

续表

不锈钢类	新牌号（GB/T 20878—2007）	旧牌号（GB/T 4236—1992）
奥氏体–铁素体不锈钢	022Cr25Ni6Mo2N	
铁素体不锈钢	10Cr17	1Cr17
	10Cr17Mo	1Cr17Mo
	008Cr27Mo	00Cr27Mo
马氏体不锈钢	12Cr13	1Cr13
	20Cr13	2Cr13
	30Cr13	3Cr13

（二）奥氏体不锈钢的焊接性

奥氏体不锈钢虽具有良好的耐蚀性、耐高温性、塑性和焊接性，但施焊过程中如果焊接工艺选择不当，也会产生下列问题：

（1）晶间腐蚀问题。

在焊接奥氏体不锈钢时，可采用下列措施防止和减少焊件产生晶间腐蚀：①控制含碳量；②添加稳定剂；③进行固熔处理；④采用双相组织；⑤加快冷却速度。

（2）焊接热裂纹。

防止热裂纹的措施包括使用碱性焊条，采用小电流、快焊速，焊接结束或中断时收弧慢且填满弧坑及采用氩弧焊打底焊等来。

（三）奥氏体不锈钢的焊接工艺

1. 焊条电弧焊。

（1）焊条的选用：按照药皮性质的不同，奥氏体不锈钢焊条可以分为酸性钛钙型药皮焊条和碱性低氢型药皮焊条（表 11-1-5）。

表 11-1-5　常用奥氏体不锈钢焊条的选用

钢材牌号	工作条件及要求	选用焊条
06Cr19Ni10	工作温度低于 30℃，同时具有良好的耐腐蚀性能	E308–16 E308–15 E308L–16
12Cr18Ni9Ti	要求优良的耐腐蚀性能，及要求采用含钛、稳定的 Cr18Ni9Ti 型不锈钢	E347–16 E347–15
06Cr17Ni12Mo2Ti	抗无机酸、有机酸、碱及盐腐蚀	E316–16 E316–15
	要求良好的抗晶间腐蚀性能	E318–16
06Cr18Ni12Mo2Cu2Ti	在硫酸介质中要求更好的腐蚀性能	E317MoCu
06Cr25Ni20	高温工作（工作温度低于 1 100℃）不锈钢与碳钢焊接	E310–16 E310–15

（2）焊接工艺：焊接时，应采用小电流、快焊速，焊条在横向上无摆动，一次焊成的焊缝不宜过宽，宽度不应超过焊条直径的3倍。多层焊时，每一层焊完要进行彻底清除熔渣，并控制层间温度，待前层焊缝冷却后（＜60℃）再焊接下一层。焊接开始时，不要在焊件上随便引弧，以免损伤焊件表面，影响焊件的耐腐蚀性。焊后可采取强制冷却措施，加速接头冷却。

2．氩弧焊。

氩弧焊目前普遍用于不锈钢的焊接。

3．埋弧自动焊。

奥氏体不锈钢的埋弧自动焊一般用于焊接中厚度（厚度为6~50 mm）的不锈钢板，采用埋弧自动焊不仅可以提高生产效率，而且也能显著提高焊缝质量。

4．气焊。

由于气焊方便、灵活，不易烧穿，可焊各种空间位置的焊缝，因此可以用于焊接没有耐腐蚀要求的不锈钢薄板结构、薄壁管等。表11-1-6所示为奥氏体不锈钢常用焊接方法焊接材料的选用。

表11-1-6　奥氏体不锈钢常用焊接方法焊接材料的选用

焊接材料 钢号	焊条电弧焊		氩弧焊	埋弧自动焊	
	焊条牌号	焊条型号	焊丝	焊丝	焊剂
022Cr19Ni10	A002	E308L-16	H03Cr21Ni10	H03Cr21Ni10	HJ151 SJ601
06Cr19Ni10 12Cr18Ni9	A102 A107	E308-16 E308-15	H06Cr21Ni10	H06Cr21Ni10	HJ260 SJ601 SJ608 SJ701
07Cr19Ni11Ti 06Cr18Ni11Ti	A132 A137	E347-16 E347-15	H08Cr19Ni10Ti	H08Cr19Ni10Ti	HJ260 HJ151 SJ608 SJ701
06Cr18Ni11Nb			H08Cr20Ni10Nb	H08Cr20Ni10Nb	HJ206 HJ172
10Cr18Ni12	A102 A107	E308-16 E308-15	H08Cr21Ni10 H06Cr21Ni10Si	H08Cr21Ni10 H08Cr21Ni10Si	HJ260
06Cr23Ni13	A302 A307	E309-16 E309-15	H03Cr24Ni13	H03Cr24Ni13	HJ260
06Cr25Ni20	A402 A407	E310-16 E310-15	H08Cr26Ni21	H08Cr26Ni21	HJ260

学习活动 2　焊接前的准备及装配

◇学习目标◇

1. 等离子切割的学习及使用。
2. 根据图纸使用等离子切割进行下料，并对零件进行一定的矫正。
3. 氩弧焊设备的学习及使用。
4. 不锈钢组合件的装配。

建议学时：10 学时。

◇学习过程◇

一、焊接前准备

1. 查阅相关资料，说说什么是等离子切割？

2. 说说等离子弧的类型有哪些？

3. 通过观察设备，说说等离子切割机由哪些部分组成？

4. 查阅资料，说说矫正方法有哪些？它们是怎么进行分类的？

二、焊接材料准备，结合图纸进行下料并矫正

1. 利用等离子切割进行下料，材料图纸如图 11-2-1~ 图 11-2-7 所示。

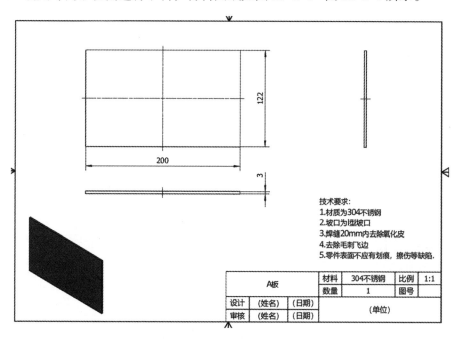

图 11-2-1　零件 A 图纸

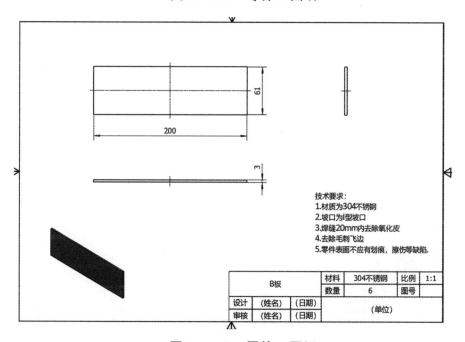

图 11-2-2　零件 B 图纸

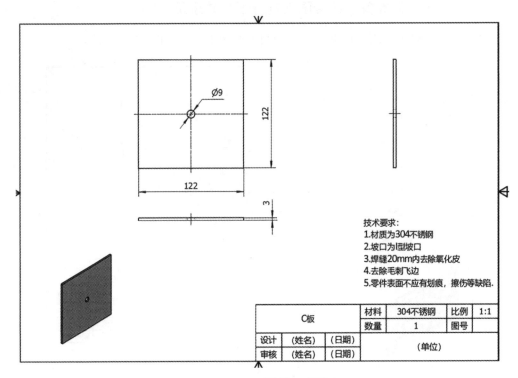

技术要求:
1.材质为304不锈钢
2.坡口为I型坡口
3.焊缝20mm内去除氧化皮
4.去除毛刺飞边
5.零件表面不应有划痕,擦伤等缺陷.

C板			材料	304不锈钢	比例	1:1
			数量	1	图号	
设计	(姓名)	(日期)	(单位)			
审核	(姓名)	(日期)				

图 11-2-3　零件 C 图纸

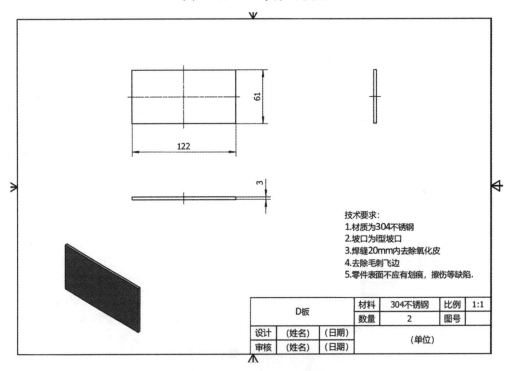

技术要求:
1.材质为304不锈钢
2.坡口为I型坡口
3.焊缝20mm内去除氧化皮
4.去除毛刺飞边
5.零件表面不应有划痕,擦伤等缺陷.

D板			材料	304不锈钢	比例	1:1
			数量	2	图号	
设计	(姓名)	(日期)	(单位)			
审核	(姓名)	(日期)				

图 11-2-4　零件 D 图纸

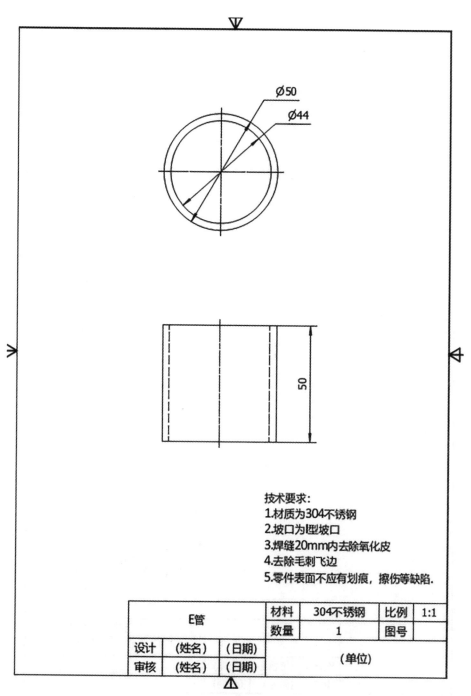

技术要求:
1.材质为304不锈钢
2.坡口为I型坡口
3.焊缝20mm内去除氧化皮
4.去除毛刺飞边
5.零件表面不应有划痕,擦伤等缺陷.

E管			材料	304不锈钢	比例	1:1
			数量	1	图号	
设计	(姓名)	(日期)	(单位)			
审核	(姓名)	(日期)				

图 11-2-5　零件 E 图纸

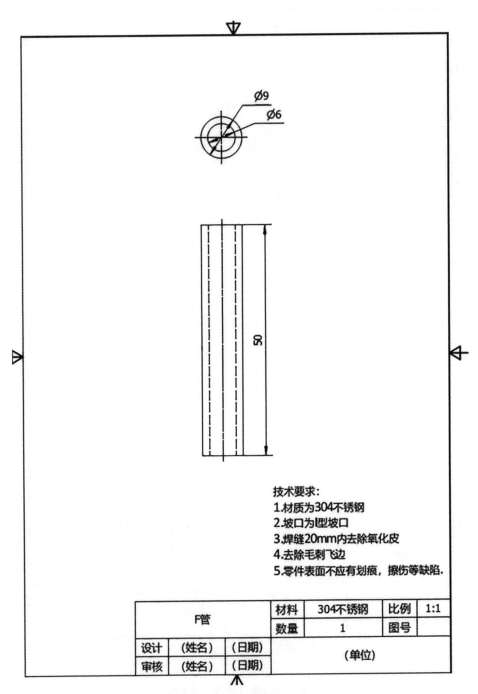

图 11-2-6 零件 F 图纸

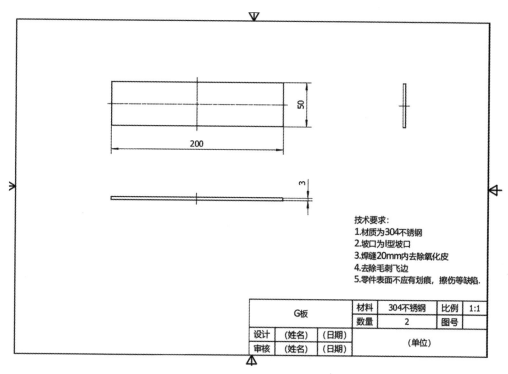

技术要求:
1.材质为304不锈钢
2.坡口为I型坡口
3.焊缝20mm内去除氧化皮
4.去除毛刺飞边
5.零件表面不应有划痕,擦伤等缺陷.

G板	材料	304不锈钢	比例	1:1
	数量	2	图号	
设计 (姓名) (日期)		(单位)		
审核 (姓名) (日期)				

图 11-2-7 零件 G 图纸

2. 零件的矫正。

零件按照图纸尺寸进行切割下料,下料完成后对零件进行检查,如果在加工切割过程中出现变形,必须进行矫正,然后再去除零件表面的油污、水分等污物后,才能进行装配。

三、焊接工艺准备

1. 对氩弧焊进行学习后,请简述氩弧焊的工作原理。

2. 通过实际观察焊接设备,说说氩弧焊设备由哪些部分组成?

3. 什么是阴极破碎作用?

4. 钨极的形状有哪些? 这几种形状的钨极如何使用?

5. 不锈钢组合件的装配。
（1）装配过程中，需考虑焊接应力与变形，请说说什么是焊接应力和变形?

（2）你认为影响焊接结构残余变形的因素有哪些?

（3）说说控制焊接残余应力的工艺措施有哪些?

（4）根据实际训练时的情况，写出如图 11-2-8 所示组合件的装配顺序。

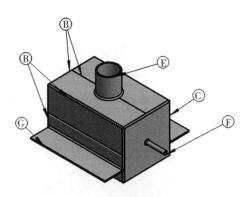

图 11-2-8　不锈钢组合件

请认真看图 11-2-9，完成不锈钢组合件的装配。

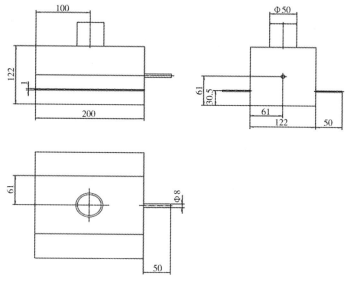

图 11-2-9　立体图

四、评价

各个小组可以通过不同的形式展示本组学员对本学习活动的理解，本人完成"自我评价"，本组组长完成"小组评价"内容；课余时间教师完成"教师评价"内容。

评价表

序号	项目	自我评价 / 分			小组评价 / 分			教师评价 / 分		
		8~10	6~7	1~5	8~10	6~7	1~5	8~10	6~7	1~5
1	学习兴趣									
2	现场勘察效果									
3	遵守纪律									
4	观察分析能力									
5	材料准备充分、齐全									
6	协作精神									
7	时间观念									
8	仪容、仪表符合活动要求									
9	沟通能力									
10	工作效率与工作质量									
	总评									

五、知识拓展

（一）等离子切割

等离子弧切割是利用高温、高速和高能的等离子气流来加热和熔化被切割材料，并借助被压缩的高速气流，将熔化的材料吹除而形成狭窄割口的过程。图 11-2-10 所示为等离子弧的切割示意图。

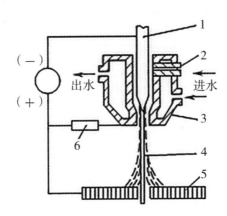

1—钨极；2—进气管；3—喷嘴；4—等离子；5—弧割件；6—电阻

图 11-2-10　等离子弧的切割示意图

1. 等离子弧的形成。

焊条电弧焊所形成的电弧未受到外界的约束，弧柱的直径随电弧电流及电压的变化而变化，能量不是高度集中，温度限制在 5730~7730℃，故称为自由电弧。如果对自由电弧的弧柱进行强迫"压缩"，就能将导电截面收缩得比较小，从而使能量更加集中，弧柱中气体充分电离，这样的电弧称为等离子弧。图 11-2-11 所示为等离子弧的压缩效应。

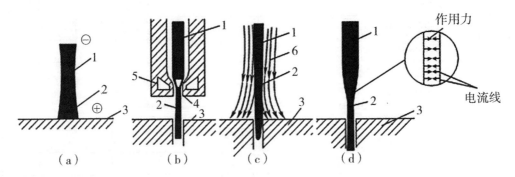

（a）焊条电弧焊的电弧；（b）机械压缩效应；（c）热收缩效应；（d）磁收缩效应

1—钨极；2—电弧；3—工件；4—喷嘴；5—冷却水孔；6—冷却气流

图 11-2-11　等离子弧的压缩效应

2．等离子弧的类型。

根据电源的不同接法，等离子弧可以分为非转移型弧、转移型弧、联合型弧3种，如图11-2-12所示。

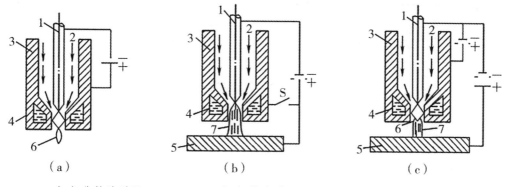

（a）非转移型弧　　　（b）转移型弧　　　（c）联合型弧

1—钨极；2—等离子气；3—喷嘴；4—冷却水孔；5—工件；6—非转移型弧；7—转移型弧

图 11-2-12　等离子弧的形式

3．等离子弧切割设备。

（1）设备分类。

按工作气体的不同，等离子弧切割设备分为非氧化性气体等离子弧切割机和空气等离子弧切割机。

（2）等离子弧切割机的组成。

等离子弧切割机包括电源、高频发生器、控制系统（控制箱）、水路系统、气路系统及割炬等。

图11-2-13所示为等离子弧切割机外部接线示意图，如图11-2-14为等离子弧工序图。

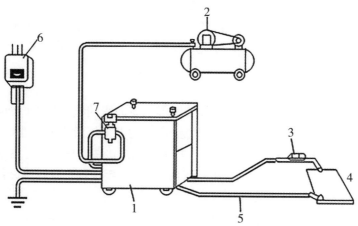

1—电源；2—空气压缩机；3—割炬；4—工件；5—接工件电缆；6—电源开关；7—过滤减压网

图 11-2-13　等离子弧切割机外部接线示意图

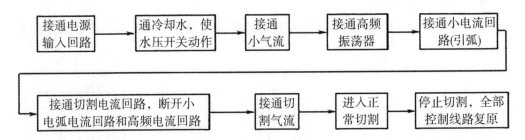

图 11-2-14　等离子弧工序图

4. 等离子弧切割材料。

（1）气体。

等离子弧切割金属材料时，可用氩气、氮气、氢气、氧气或它们的混合气体作为切割用气体。表 11-2-1 为等离子弧切割常用气体的选择。

表 11-2-1　等离子弧切割常用气体的选择

工作厚度 /mm	气体种类	空载电压 /V	切割电压 /V	主要用途
≤ 120	N_2+	250~350	150~200	不锈钢、有色金属及合金钢
≤ 150	N_2+Ar（N_2 占 60%~80%）	200~350	120~200	
≤ 200	N_2+H_2（N_2 占 50%~80%）	250~350	180~300	
≤ 200	$Ar+H_2$（H_2 占 35%）	250~500	150~300	
≤ 150	压缩空气（约含 80%N_2、20%O_2）	240~320	160~190	碳素钢、低合金钢

（2）电极与极性。

一般采用铈钨极，采用直流电源正接，电极损耗小，等离子弧燃烧稳定。如果使用空气等离子弧切割，一般采用镶嵌式纯锆或纯铪电极，它是将纯锆或纯铪镶嵌在纯铜座中，用直接水冷方式，可以承受较大的工作电流，并减少电极损耗。

（二）氩弧焊

1. 氩弧焊的工作原理。

从焊枪喷嘴中喷出的氩气流，在焊接区形成厚而密的气体保护层而隔绝空气，同时，在电极（钨极或焊丝）与焊件之间燃烧产生的电弧热量使被焊处熔化，并填充焊丝，将被焊金属连接在一起，从而获得牢固的焊接接头。图 11-2-15 为氩弧焊示意图，图 11-2-16 为钨极氩弧焊原理图，图 11-2-17 为手工钨极氩弧焊设备组成。

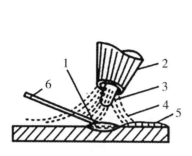

（a）钨极氩弧焊　　　　　　　（b）熔化极氩弧焊

1—熔池；2—喷嘴；3—钨极；4—气体；5—焊缝；6—焊丝；7—送丝滚轮

图 11-2-15　氩弧焊示意图

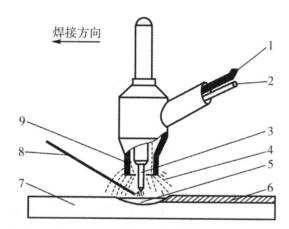

1—电缆；2—保护气体导管；3—钨极；4—保护气体；
5—熔池；6—焊缝；7—焊件；8—填充焊丝；9—喷嘴

图 11-2-16　钨极氩弧焊原理图

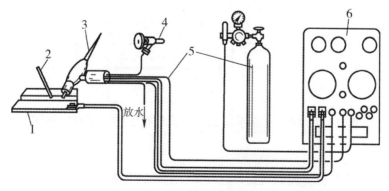

1—焊件；2—焊丝；3—焊炬；4—冷却系统；5—供气系统；6—焊接电源

图 11-2-17　手工钨极氩弧焊设备组成

2. 焊接电源（焊机）。

因为手工钨极氩弧焊的电弧静特性与焊条电弧焊相似，所以任何具有陡降外特性的弧焊电源都可以作氩弧焊电源。

提示：直流电没有极性变化，电弧燃烧很稳定。直流电源的连接可分为直流正接、直流反接两种。采用直流正接时，电弧燃烧稳定性更好。图 11-2-18 所示为直流电源的正接与反接。

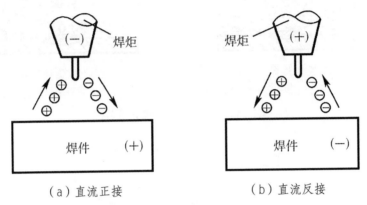

（a）直流正接   （b）直流反接

图 11-2-18 直流电源的正接与反接

3. 控制系统。

交流手工钨极氩弧焊机的控制程序方框图，如图 11-2-19 所示。

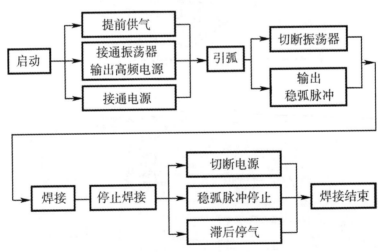

图 11-2-19 交流手工钨极氩弧焊机的控制程序方框图

4. 焊炬。

焊炬主要由焊炬体、钨极夹头、进气管、电缆、喷嘴、按钮开关等组成。

焊炬的作用是传导电流、夹持钨极、输送氩气。

氩弧焊焊炬分为分为大、中、小三种，按冷却方式又可分为气冷式焊炬和水冷式焊炬。图 11-2-20 为气冷式氩弧焊炬，图 11-2-21 为水冷式氩弧焊炬。

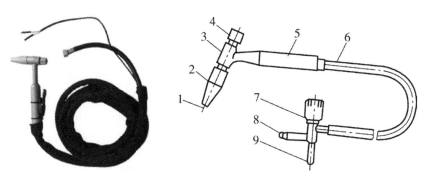

1—钨极；2—陶瓷喷嘴；3—枪体；4—短帽；5—手把；6—电缆；
7—气体开关手轮；8—通气接头；9—通电接头

图 11-2-20　气冷式氩弧焊炬

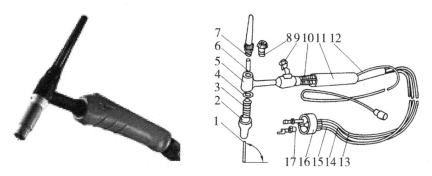

1—钨极；2—陶瓷喷嘴；3—导流件；4、8—密封圈；5—枪体；6—钨极夹头；7—盖帽；
9—船形开关；10—扎线；11—手把；12—插圈；13—进气皮管；14—出水皮管；
15—水冷缆管；16—活动接头；17—水电接头

图 11—2—21　水冷式氩弧焊炬

常见的焊枪喷嘴出口形状如图 11-2-22 所示。

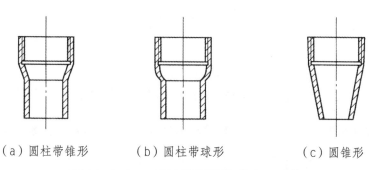

（a）圆柱带锥形　　　　（b）圆柱带球形　　　　（c）圆锥形

图 11-2-22　常见的焊枪喷嘴出口形状

5．供气系统。

（1）氩气瓶。

氩气钢瓶外表涂灰色，并标有深绿色"氩气"的字样。

（2）氩气流量调节阀。

氩气流量调节阀不仅能起到降压和稳压的作用，而且可方便地调节氩气流量。

（3）电磁气阀。

（三）焊接应力及变形

金属结构在焊接过程中产生的焊接应力和焊接变形，如果得不到合理的控制，就会使焊接产品质量下降，严重时还会出现裂纹，甚至产品报废。

1．焊接应力和变形的基本概念。

由焊接热过程引起的应力和变形就是焊接应力和焊接变形。焊后，当焊件温度降至常温时，残存于焊件中的应力称为焊接残余应力，焊件上不能恢复的变形称为焊接残余变形。

2．钢受热时力学性能的变化。

3．焊接应力与变形的产生原因。

（1）金属杆件均匀加热后产生的应力与变形（图11-2-23）。

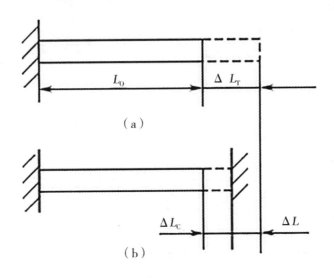

（a）受热时　（b）冷却后

图 11-2-23　金属杆件在不同状态下

（2）焊件在焊接过程中存在的焊接应力与变形（图11-2-24、图11-2-25）。

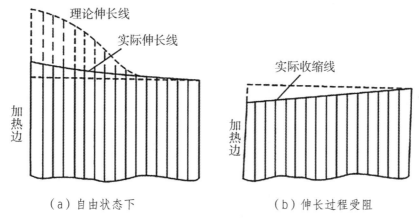

（a）自由状态下　　　　　（b）伸长过程受阻

图 11-2-24　钢板不均匀受热时的变形情况和均匀受热的变形过程

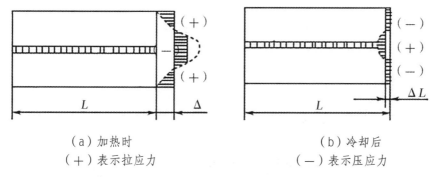

（a）加热时　　　　　　　（b）冷却后
（＋）表示拉应力　　　　　（－）表示压应力

图 11-2-25　钢板中间焊接时的应力与变形

4．焊接残余应力。

（1）按造成焊接残余应力的原因分类：

①温度应力（热应力）；

②相变应力。

（2）按焊接残余应力的作用方向分类：

①纵向应力；

②横向应力。

（3）按焊接残余应力在空间的方向分类：

①单向应力；

②双向应力（平面应力）；

③三向应力（体积应力）。

5．焊接残余变形。

（1）焊接残余变形分类及产生原因。

焊件在焊后除了产生一定的焊接残余应力外，还产生一定的残余变形。图 11-2-26

所示为变形的基本形式，图 11-2-27 至图 11-2-29 所示为几种变形分类。

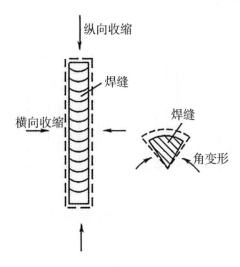

图 11-2-26　变形的基本形式

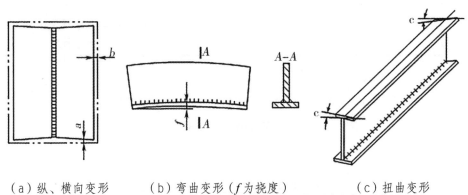

（a）纵、横向变形　　　　（b）弯曲变形（f 为挠度）　　　　（c）扭曲变形

图 11-2-27　整体变形

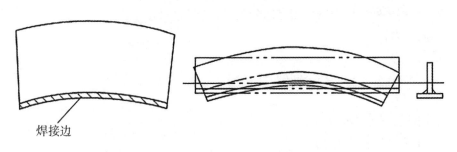

（a）板的弯曲变形　　　　　　（b）T 形梁的弯曲变形

图 11-2-28　焊缝纵向收缩造成的弯曲变形

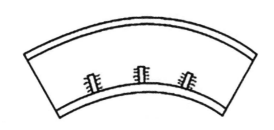

图 11-2-29　焊缝横向收缩造成的弯曲变形

（2）影响焊接结构残余变形的因素。

①焊缝在结构中的位置；

②焊接结构的刚性；

③焊接结构的装配及焊接顺序（见图 11-2-30）；

④其他因素。

a. 材料的线膨胀系数；

b. 焊接方法；

c. 焊接电流和焊接速度；

d. 焊接方向；

e. 坡口形式；

f. 结构的自重。

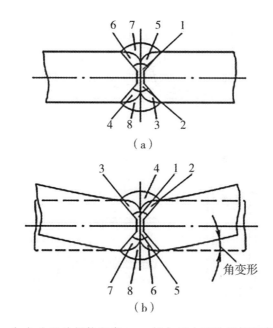

（a）合理的焊接顺序　　（b）不合理的焊接顺序

图 11-2-30　X 形坡口对接接头的焊接顺序

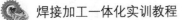

6. 防止和减小焊接残余应力与残余变形的措施。

（1）焊接结构的合理设计。

（2）控制焊接残余变形的工艺措施。

①选择合理的装焊顺序（见图 11-2-31、图 11-2-32、图 11-3-33）。

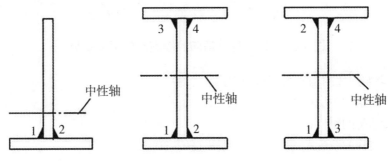

（a）先装焊成丁字形，再装焊成工字形　　（b）整体装焊

图 11-2-31　工字梁的 2 种装配顺序

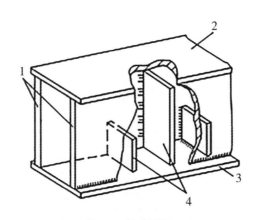

1—隔板；2—上盖板；3—下盖板；4—大、小隔板

图 11-2-32　封闭的箱形梁结构

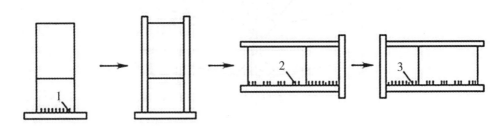

1、2、3—焊缝顺序

图 11-2-33　门形梁的装焊顺序

②采取合理的焊接顺序。

a. 对称焊缝；

b. 不对称焊缝。

c. 采用不同的焊接顺序

如果焊接结构的焊缝是不对称布置的，焊接顺序为：先焊焊缝少的一侧，后焊焊缝多的一侧，使后焊的焊缝产生的变形足以抵消先前的变形，以使总体变形减小。图 11-2-34 为压型上模的结构、焊接变形与焊接顺序，采用不同焊接顺序的焊法如图 11-2-35 所示。

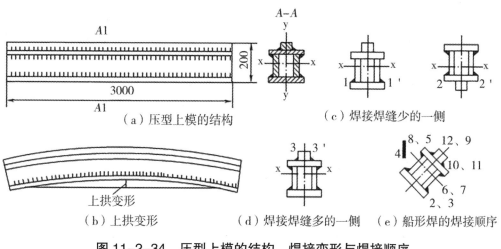

图 11-2-34　压型上模的结构、焊接变形与焊接顺序

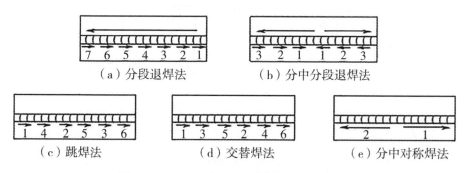

图 11-2-35　采用不同焊接顺序的焊法

③反变形法。

为了抵消焊接残余变形，焊接前预先使焊件向焊接变形相反的方向变形，这种方法称为反变形法。

④刚性固定法。

焊接前对焊件采取外加刚性约束，使焊件在焊接时不能自由变形，这种防止变形的方法称为刚性固定法。

⑤散热法。

焊接时用强迫冷却的方法将焊接区的热量带走，使受热面积大幅度减小，从而达到减小变形的目的，这种方法称为散热法。图 11-2-36 为散热法示例。

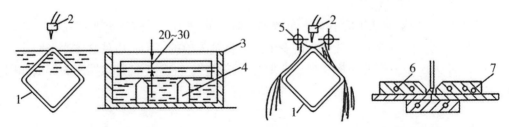

（a）浸水焊接　　　　　　（b）喷水冷却焊接　（c）水冷紫铜板散热焊接

1—焊件；2—焊炬；3—水槽；4—支撑架；5—喷水箱；6—冷却水孔；7—紫铜板

图 11-2-36　散热法示例

（3）控制焊接残余应力的工艺措施。

①选择合理的焊接顺序。

a. 尽可能使焊缝自由收缩，如图 11-2-37 所示。

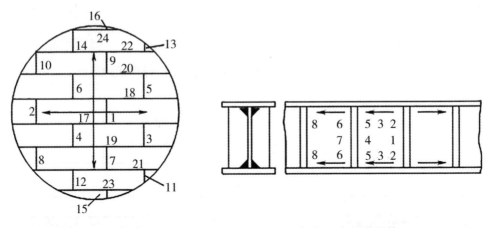

（a）大型容器底部的焊接　　　　　　（b）工字梁的焊接

图 11-2-37　尽可能使焊缝自由收缩的焊接原则示例

b. 先焊收缩量最大的焊缝。

c. 先焊交叉焊缝的短焊缝，后焊直通长焊缝，如图 11-2-38 所示为交叉焊缝的焊接顺序。

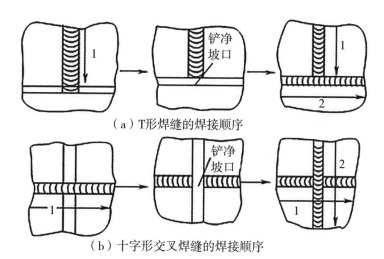

（a）T形焊缝的焊接顺序

（b）十字形交叉焊缝的焊接顺序

图 11-2-38 交叉焊缝的焊接顺序

②选择合理的焊接工艺参数。

③采用预热的方法。

④加热"减应区"法（图 11-2-39）。

⑤敲击法。

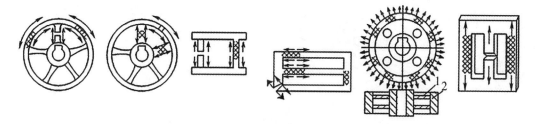

1—辐板；2—轮缘（网纹为"减应区"，"→"为热膨胀方向）

图 11-2-39 加热"减应区"法示意图

7. 焊接残余变形的矫正及残余应力的消除。

（1）焊接残余变形的矫正方法。

①机械矫正法。

机械矫正法是利用机械力的作用来矫正变形，如图 11-2-40 所示为工字梁焊后的机械矫正。

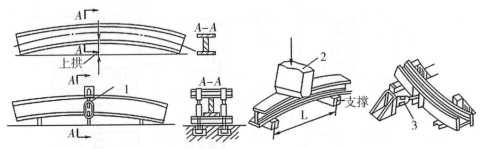

（a）拱曲焊件　　　（b）用拉紧器拉　　（c）用压头压　　（d）用千斤顶顶

1—拉紧器；2—压头；3—千斤顶

图 11-2-40　工字梁焊后的机械矫正

②火焰矫正法。

火焰矫正法是用氧—乙炔火焰或其他气体火焰（一般采用中性焰），以不均匀加热方式引起结构的某部位变形，来矫正原有的残余变形。

a. 点状加热矫正。

b. 线状加热矫正（图 11-2-41）。

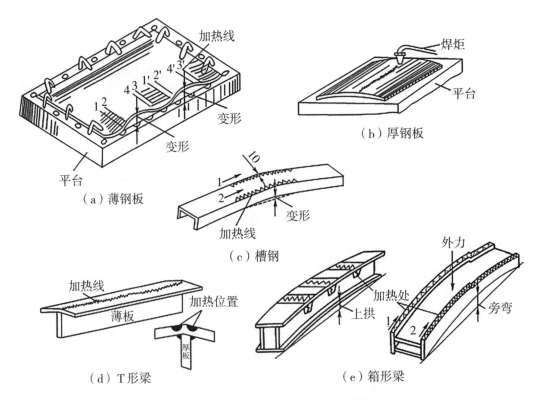

图 11-2-41　线状加热矫正实例

c. 三角形加热矫正。

三角形加热即加热区呈三角形。图 11-2-42 为 T 形梁的三角形矫正。

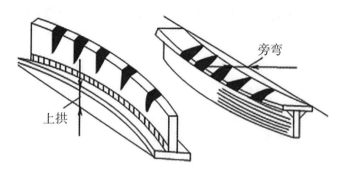

图 11-2-42　T 形梁的三角形加热矫正

（2）消除焊接残余应力的方法。

①整体高温回火热处理；

②局部高温回火热处理；

③机械拉伸法；

④温差拉伸法；

⑤振动法。

小作业 4：通过上述知识的学习，你觉得不锈钢组合件应该用什么方法减小变形量？试写出装配顺序。

学习活动 3 焊接加工及工艺编制

◇学习过程◇

1. 掌握氩弧焊操作过程中的注意事项。
2. 能根据图纸和技术要求选择相应的焊接材料。
3. 能根据焊接材料选择合理的焊接参数。
4. 采用选择的焊接参数完成不锈钢组合件的焊接。
5. 在焊接过程中，能严格执行工作计划和工艺流程。
6. 能遵守操作规范、保证质量，符合经济性和环保要求，完成焊接任务。

建议学时：12 学时。

◇学习过程◇

一、不锈钢板－板焊接（平角焊）

（一）氩弧焊工艺参数选择

1. 氩弧焊的焊接过程中有诸多参数需要进行选择，明确焊条电弧焊主要工艺参数有哪些。

2. 氩弧焊电源极性如何选择？请简要写出来。

3. 实训过程中，应如何选择喷嘴直径及氩气气体流量？

4. 根据自己的实训过程，简要说说氩弧焊操作过程中的注意事项。

（二）认真对平角焊操作工艺进行分析，观摩老师对平角焊的操作，完成平角焊的操作训练

1. 根据图纸要求，翼板有两块，需焊接两条焊缝，长度为 200 mm，焊接时，焊枪与两板成 45°，与焊接方向成 65°~80°。操作过程中，要严格控制好熔池温度，防止接头过热，保持电弧长度在 2~3 mm。焊接时要等待出现熔孔后才可以加丝，装配时不留间隙，调整好电流，保证能熔透，即可获得较好的焊接质量。

2. 通过前期对技能操作的学习，大家按照图 11-3-1 完成焊条电弧焊平角焊的焊接操作。评分标准见表 11-3-1，表 11-3-2 为 T 形接头工艺卡。

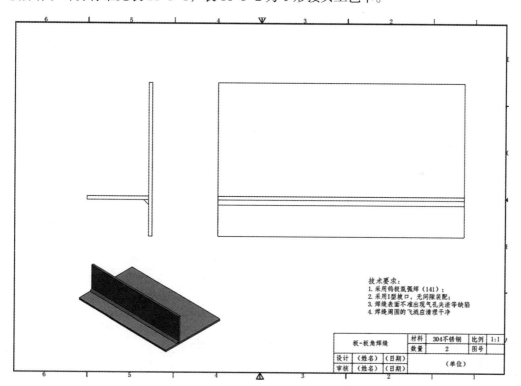

图 11-3-1　T 形接头装配图

焊接加工一体化实训教程

表 11-3-1 平角焊评分标准

序号	考核内容	考核要点	配分	评分标准	扣分	得分
1	设备与场地安全准备	焊机、工具的焊前准备	5	焊机是否按要求进行安全连接；焊机一、二次导线是否有破损		
		正确使用焊机	5	作业现场是否有易燃易爆物质；是否按规定存放；是否存在安全隐患等		
2	焊缝外观质量	焊脚尺寸	14	4~6		
		焊缝高低差	14	>1 mm		
		焊缝接头	7	接头超高		
				有弧坑		
		焊缝成形	7	过渡圆弧圆滑，成形美观		
		气孔、夹渣、未熔合	14	有任意一项则该项为零分		
		弧坑	7	弧坑>0.5 mm		
		咬边	7	深度>0.5 mm 且长度>5 mm		
3	6S管理实施	劳保用品	4	劳保用品是否按要求穿戴		
		焊接过程	4	焊接过程中有无违反安全操作现象		
		现场清理	2	现场是否清理干净，工具是否摆放整齐		
4	焊缝表面是否保持原始状态		10	试件是否有修磨，补焊等破坏焊缝表面现象		

表 11-3-2 T形接头工艺卡

母材	304 不锈钢	焊接位置	平焊	清理手段	角磨机
焊接方法	钨极氩弧焊	焊接材料	06Cr18Ni11Ti	焊丝直径	2.0
接头简图					

层次工艺参数参数	焊丝直径 /mm	焊接电流 /A	电源极性	气体流量 / ($L \cdot min^{-1}$)	焊接速度 / ($m \cdot h^{-1}$)
装配	2.0	60~70	直流正极性	12~15	30
表面层	2.0	70~90	直流正极性	12~15	40
技术要求	1. 在坡口及坡口两侧，将油、污、锈、氧化皮清除，直至呈现金属光泽； 2. 焊角高 $K > 6\,mm$； 3. 不允许有裂纹、夹渣、焊瘤、气孔、未熔合等缺陷				

接头简图中标注：122 141

二、不锈钢组合件板 – 板焊接（外 V 形角焊缝）

学习下面关于外 V 形角焊缝的资料，观摩老师对外 V 形角焊缝的操作，完成不锈钢组合件板 – 板焊接（外 V 形角焊缝）的学习。

1. 外 V 形角焊缝包括四条平角焊、四条立角焊、四条仰角焊。平角焊时，电流可以稍大，立角焊焊接电流应比平角焊小 10%~15%，在工艺标准内尽量选择中等规范值，焊枪摆动频率要适当加快，以防熔滴下淌。仰角焊电流跟立角焊差不多，但填丝量应适当减少些，以防熔金属下坠。在焊接过程中，为保证背面焊透，成形良好，焊枪做锯齿或月牙形摆动。

2. 立角焊焊接电流与平角焊焊接电流相比哪个要大些，为什么？

3. 立角焊焊接时焊条角度应该选择多少？为什么？

4. 你认为气体流量是大些好还是小些好？

5. 你在焊接时，喷嘴距离工件的距离是多少？保护效果好吗？

6. 通过前期对技能操作的学习，大家按照图 11-3-2 所示，完成焊条电弧焊立角焊的焊接操作，评分标准附后，见表 11-3-3。表 11-3-4 所示为外 V 形角接接头工艺卡。

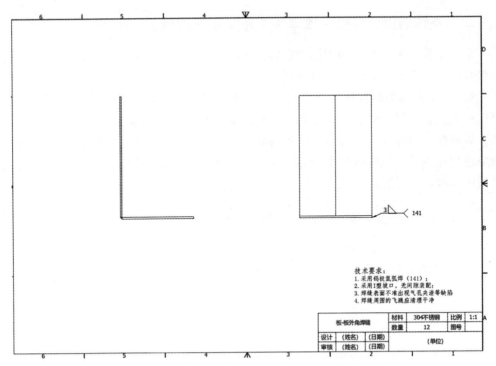

技术要求：
1. 采用钨极氩弧焊（141）；
2. 采用I型坡口，无间隙装配；
3. 焊缝表面不准出现气孔夹渣等缺陷
4. 焊缝周围的飞溅应清理干净

板-板外角焊缝		材料	304不锈钢	比例	1:1
		数量	12	图号	
设计	（姓名） （日期）		（单位）		
审核	（姓名） （日期）				

图 11-3-2 板 – 板外角焊缝图纸

表 11-3-3 外 V 形角焊缝评分表

序号	考核内容	考核要点	配分	评分标准	扣分	得分
1	设备与场地安全准备	焊机、工具的焊前准备	5	焊机是否按要求进行安全连接；焊机一、二次导线是否有破损		
		正确使用焊机	5	作业现场是否有易燃易爆物质；是否按规定存放；是否存在安全隐患等		
2	焊缝外观质量	焊脚尺寸	14	3~4		
		焊缝高低差	14	> 1 mm		
		焊缝接头	7	接头超高		
				有弧坑		
		焊缝成形	7	过渡圆弧圆滑成形美观		
		气孔、夹渣、未熔合	14	有任意一项则该项为零分		
		弧坑	7	弧坑 > 0.5 mm		
		咬边	7	深度 > 0.5 mm 且长度 > 5 mm		

续表

序号	考核内容	考核要点	配分	评分标准	扣分	得分
3	6S管理实施	劳保用品	4	劳保用品是否按要求穿戴		
		焊接过程	4	焊接过程中有无违反安全操作现象		
		现场清理	2	现场是否清理干净，工具是否摆放整齐		
4	焊缝表面是否保持原始状态		10	试件是否有修磨，补焊等破坏焊缝表面现象		

表 11-3-4　外 V 形角接接头工艺卡

母材	304不锈钢	焊接位置	平焊	清理手段	角磨机
焊接方法	钨极氩弧焊	焊接材料	06Cr18Ni11Ti	焊丝直径	2.0

接头简图	141

层次 工艺参数 参数	焊丝直径 /mm	焊接电流 /A	电源极性	气体流量 / $(L \cdot min^{-1})$	焊接速度 / $(m \cdot h^{-1})$
装配	2.0	60~70	直流正极性	12~15	30
表面层	2.0	70~90	直流正极性	12~15	40
技术要求	1. 在坡口及坡口两侧，将油、污、锈、氧化皮清除，直至呈现金属光泽 2. 焊角高 K=3~4 mm 3. 不允许有裂纹、夹渣、焊瘤、气孔、未熔合等缺陷				

三、板对接平位焊接

学习下面关于平位焊缝的资料，观摩老师对平位焊缝的操作，完成不锈钢组合件板－板焊接（平位焊缝）的学习。

1. 平位焊缝包括一条。平位焊时，焊件处于俯焊位置，与其他焊接位置比较操作较容易，但是在重力作用和电弧吹力作用下，容易产生烧穿缺陷，所以在焊接时要控制好熔池温度。

2. 氩弧焊引弧时，钨极能直接接触工件进行引弧吗？为什么？

3. 通过前期对技能操作的学习，大家按照图 11-3-3 完成钨极氩弧焊平位焊的焊接操作，评分标准见表 11-3-5 所示。表 11-3-6 为横位对接接头工艺卡。

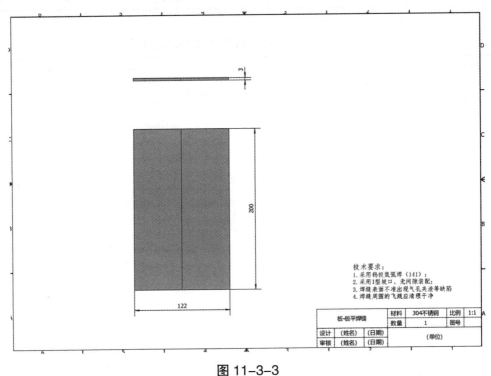

图 11-3-3

表 11-3-5　板对接平位焊缝评分表

序号	考核内容	考核要点	配分	评分标准	扣分	得分
1	设备与场地安全准备	焊机、工具的焊前准备	5	焊机是否按要求进行安全连接；焊机一、二次导线是否有破损		
		正确使用焊机	5	作业现场是否有易燃易爆物质；是否按规定存放；是否存在安全隐患等		

续表

序号	考核内容	考核要点	配分	评分标准	扣分	得分
2	焊缝外观质量	焊缝宽窄差	14	＜ 2 mm		
		焊缝高低差	14	＜ 1 mm		
		焊缝接头	7	接头超高		
				有弧坑		
		焊缝成形	7	过渡圆弧圆滑，成形美观		
		气孔、夹渣、未熔合	14	有任意一项则该项为零分		
		弧坑	7	弧坑＞ 0.5 mm		
		咬边	7	深度＞ 0.5 mm 且长度＞ 5 mm		
3	6S 管理实施	劳保用品	4	劳保用品是否按要求穿戴		
		焊接过程	4	焊接过程中有无违反安全操作现象		
		现场清理	2	现场是否清理干净，工具是否摆放整齐		
4		焊缝表面是否保持原始状态	10	试件是否有修磨，补焊等破坏焊缝表面现象		

表 11-3-6　平位焊缝工艺卡

母材	304 不锈钢	焊接位置	平焊	清理手段	角磨机
焊接方法	钨极氩弧焊	焊接材料	06Cr18Ni11Ti	焊丝直径	2.0

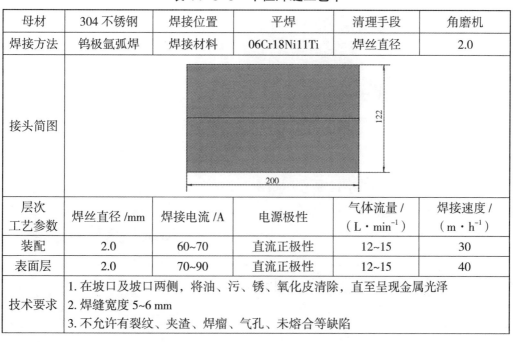

接头简图

层次 工艺参数	焊丝直径 /mm	焊接电流 /A	电源极性	气体流量 / ($L \cdot min^{-1}$)	焊接速度 / ($m \cdot h^{-1}$)
装配	2.0	60~70	直流正极性	12~15	30
表面层	2.0	70~90	直流正极性	12~15	40
技术要求	1. 在坡口及坡口两侧，将油、污、锈、氧化皮清除，直至呈现金属光泽 2. 焊缝宽度 5~6 mm 3. 不允许有裂纹、夹渣、焊瘤、气孔、未熔合等缺陷				

四、板对接横位焊接

学习下面关于横位焊缝的资料，观摩老师对横位焊缝的操作，完成不锈钢组合件板－板焊接（横位焊缝）的学习。

1. 横位焊缝包括两条。横位焊时，熔化金属在自重的作用下容易下淌，并且在焊缝上侧易出现咬边缺陷，下侧易出现下坠而造成未熔合及焊瘤缺陷，所以焊接时一定要注意焊枪角度。

2. 焊接横位焊时，你觉得焊条角度应该选择多少？为什么？

3. 通过前期对技能操作的学习，大家按照图 11-3-4 完成钨极氩弧焊横位焊的焊接操作，评分标准见表 11-3-7 所示。表 11-3-8 为横位焊缝对接接头工艺卡。

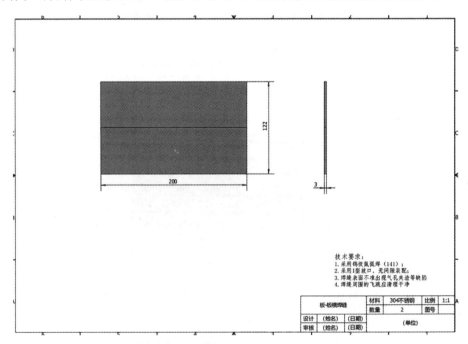

图 11-3-4

表 11-3-7　板对接横位焊缝评分表

序号	考核内容	考核要点	配分	评分标准	扣分	得分
1	设备与场地安全准备	焊机、工具的焊前准备	5	焊机是否按要求进行安全连接；焊机一、二次导线是否有破损		
		正确使用焊机	5	作业现场是否有易燃易爆物质；是否按规定存放；是否存在安全隐患等		
2	焊缝外观质量	焊缝宽窄差	14	< 2 mm		
		焊缝高低差	14	< 1 mm		
		焊缝接头	7	接头超高 有弧坑		
		焊缝成形	7	过渡圆弧圆滑，成形美观		
		气孔、夹渣、未熔合	14	有任意一项则该项为零分		
		弧坑	7	弧坑 > 0.5 mm		
		咬边	7	深度 > 0.5 mm 且长度 > 5 mm		
3	6S 管理实施	劳保用品	4	劳保用品是否按要求穿戴		
		焊接过程	4	焊接过程中有无违反安全操作现象		
		现场清理	2	现场是否清理干净，工具是否摆放整齐		
4	焊缝表面是否保持原始状态		10	试件是否有修磨，补焊等破坏焊缝表面现象		

表 11-3-8　横位焊缝对接接头工艺卡

母材	304 不锈钢	焊接位置	横焊	清理手段	角磨机
焊接方法	钨极氩弧焊	焊接材料	06Cr18Ni11Ti	焊丝直径	2.0
接头简图					

122

200

续表

母材	304 不锈钢	焊接位置	横焊	清理手段	角磨机
层次 工艺参数	焊丝直径 /mm	焊接电流 /A	电源极性	气体流量 / （L·min^{-1}）	焊接速度 / （m·h^{-1}）
装配	2.0	60~70	直流正极性	12~15	30
表面层	2.0	70~90	直流正极性	12~15	40
技术要求	1. 在坡口及坡口两侧，将油、污、锈、氧化皮清除，直至呈现金属光泽； 2. 焊缝宽度 5~6 mm； 3. 不允许有裂纹、夹渣、焊瘤、气孔、未熔合等缺陷。				

五、板对接立位焊接

学习下面关于立位焊缝的资料，观摩老师对立位焊缝的操作，完成不锈钢组合件板 – 板焊接（立位焊缝）的学习。

1. 立位焊缝包括一条。立位焊时，熔化金属在自重的作用下容易下淌，要控制好熔池温度。焊接时，摆动频率直接影响焊缝的成形，摆动频率快，得到的焊缝波纹较细且平整；摆动频率慢，焊缝成形较粗，且成形不光滑。

2. 焊接立位焊时，请说说摆动频率快和摆动频率慢的焊缝成形情况。

3. 通过前期对技能操作的学习，大家按照图 11-3-5 完成钨极氩弧焊立位焊的焊接操作，评分标准见表 11-3-9。表 11-3-10 为板对接立位焊接工艺卡。

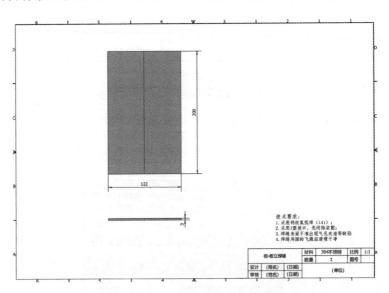

图 11-3-5　板对接立焊缝图纸

表 11-3-9　板对接立位焊缝评分表

序号	考核内容	考核要点	配分	评分标准	扣分	得分
1	设备与场地安全准备	焊机、工具的焊前准备	5	焊机是否按要求进行安全连接；焊机一、二次导线是否有破损		
		正确使用焊机	5	作业现场是否有易燃易爆物质；是否按规定存放；是否存在安全隐患等		
2	焊缝外观质量	焊缝宽窄差	14	< 2 mm		
		焊缝高低差	14	< 1 mm		
		焊缝接头	7	接头超高		
				有弧坑		
		焊缝成形	7	过渡圆弧圆滑，成形美观		
		气孔、夹渣、未熔合	14	有任意一项则该项为零分		
		弧坑	7	弧坑 > 0.5 mm		
		咬边	7	深度 > 0.5 mm 且长度 > 5 mm		
3	6S 管理实施	劳保用品	4	劳保用品是否按要求穿戴		
		焊接过程	4	焊接过程中有无违反安全操作现象		
		现场清理	2	现场是否清理干净，工具是否摆放整齐		
4	焊缝表面是否保持原始状态		10	试件是否有修磨，补焊等破坏焊缝表面现象		

表 11-3-10　板对接立位焊接工艺卡

母材	304 不锈钢	焊接位置	立焊	清理手段	角磨机
焊接方法	钨极氩弧焊	焊接材料	06Cr18Ni11Ti	焊丝直径	2.0
接头简图					

200

122

续表

母材	304 不锈钢	焊接位置	立焊	清理手段	角磨机
层次 工艺参数 参数	焊丝直径 /mm	焊接电流 /A	电源极性	气体流量 / （L·min⁻¹）	焊接速度 / （m·h⁻¹）
装配	2.0	60~70	直流正极性	12~15	30
表面层	2.0	70~90	直流正极性	12~15	40
技术要求	1. 在坡口及坡口两侧，将油、污、锈、氧化皮清除，直至呈现金属光泽 2. 焊缝宽度 5~6 mm 3. 不允许有裂纹、夹渣、焊瘤、气孔、未熔合等缺陷				

六、不锈钢组合件管板焊接

学习下面关于管板焊接的资料，观摩老师对管板焊接的操作，完成不锈钢钢管板焊接。

1. 管板焊接操作时，要随焊接位置的变化，适时调整相应的焊枪角度，并控制好熔池的熔化状态。

2. 管板焊接属于垂直固定俯位焊接，焊接时，如果操作不当，会使焊件受热不均，管侧容易产生咬边或焊缝下偏，板侧会产生夹渣、未焊透和未熔合现象。所以焊接时电流可以稍大，焊枪角度合适，才能得到较理想的焊缝。

3. 焊接管板时，为什么要选择稍大的焊接电流？

4. 管板焊接操作时，焊枪与管板外壁的夹角应为多少？焊枪与管板的切线夹角是多少？

5. 通过前期对技能操作的学习，大家按照图 11-3-6 完成管板焊接的操作，评分标准见表 11-3-11。表 11-3-12 为管板接头工艺卡。

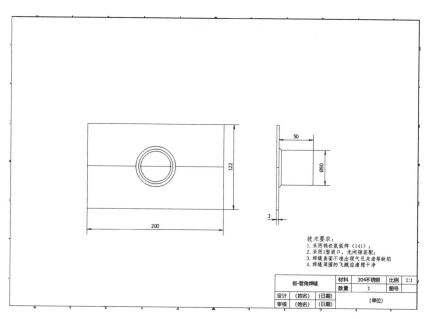

图 11-3-6　板 – 管角焊缝图纸

表 11-3-11　管板焊缝图纸管板焊缝评分表

序号	考核内容	考核要点	配分	评分标准	扣分	得分
1	设备与场地安全准备	焊机、工具的焊前准备	5	焊机是否按要求进行安全连接；焊机一、二次导线是否有破损		
		正确使用焊机	5	作业现场是否有易燃易爆物质；是否按规定存放；是否存在安全隐患等		
2	焊缝外观质量	焊脚尺寸	14	3~4 mm		
		焊缝高低差	14	< 1 mm		
		焊缝接头	7	接头超高		
				有弧坑		
		焊缝成形	7	过渡圆弧圆滑，成形美观		
		气孔、夹渣、未熔合	14	有任意一项则该项为零分		
		弧坑	7	弧坑 > 0.5 mm		
		咬边	7	深度 > 0.5 mm 且长度 > 5 mm		
3	6S 管理实施	劳保用品	4	劳保用品是否按要求穿戴		
		焊接过程	4	焊接过程中有无违反安全操作现象		
		现场清理	2	现场是否清理干净，工具是否摆放整齐		
4		焊缝表面是否保持原始状态	10	试件是否有修磨，补焊等破坏焊缝表面现象		

表 11-3-12　管板焊接接头工艺卡

母材	304 不锈钢	焊接位置	平角焊	清理手段	角磨机
焊接方法	钨极氩弧焊	焊接材料	06Cr18Ni11Ti	焊丝直径	2.0

接头简图					

141

层次 工艺参数 参数	焊丝直径 /mm	焊接电流 /A	电源极性	气体流量 / (L·min⁻¹)	焊接速度 / (m·h⁻¹)
装配	2.0	60~70	直流正极性	12~15	30
表面层	2.0	80~90	直流正极性	12~15	40
技术要求	1. 在坡口及坡口两侧，将油、污、锈、氧化皮清除，直至呈现金属光泽 2. 焊脚尺寸 3~4 mm 3. 不允许有裂纹、夹渣、焊瘤、气孔、未熔合等缺陷				

七、评价

　　各个小组可以通过不同的形式展示本组学员完成的工作计划表和例举的工具清单，本人完成"自我评价"，本组 组长完成"小组评价"内容；课余时间教师完成"教师评价"内容。

评价表

序号	项目	自我评价/分			小组评价/分			教师评价/分		
		8~10	6~7	1~5	8~10	6~7	1~5	8~10	6~7	1~5
1	学习兴趣									
2	遵守纪律									
3	平角焊									
4	外V形角焊缝									
5	横位焊缝									
6	立位焊缝									
7	管板焊接焊缝									
8	协作精神									
9	查阅资料的能力									
10	工作效率与工作质量									
	总评									

八、知识拓展

（一）氩弧焊操作过程中的注意事项

1. 焊机必须可靠接地，接地截面铜线为 6~10 mm²，铁线为 2 mm²，否则不得使用。

2. 钨极从气体喷嘴伸出长度以 4~5 mm 为佳，在角焊缝等遮蔽性差的地方为 2~3 mm，在开槽深的地方为 4~5 mm，喷嘴至工件距离一般不超过 15 mm。

3. 为防止焊接时产生气孔等缺陷，焊接前必须去除焊缝位置 20 mm 以内的油污、铁锈、氧化污物等。

4. 焊丝与钨极不能接触。

5. 接头与收弧应避开困难操作位置。

6. 焊机不允许在高湿度、高温度、有易燃易爆物品的场所附近工作。

7. 氩气瓶应直立放置，不得离焊接区域太近。

8. 工作完毕后，操作人员必须关闭电源和气瓶，清扫工作场所方可离开焊接现场。

（二）钨极氩弧焊工艺参数的选择

1. 钨极直径与焊接电流的选择。

通常根据焊件的材质、厚度来选择焊接电流。钨极直径应根据焊接电流大小而定（表 11-3-13、表 11-3-14）。图 11-3-7 为焊接电流和相应的电弧特征。

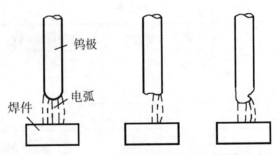

（a）焊接电流正常　　　（b）焊接电流过小　　　（c）焊接电流过大

图 11-3-7　焊接电流和相应的电弧特征

表 11-3-13　不锈钢和耐热钢手工钨极氩弧焊的焊接电流

材料厚度 /mm	钨极直径 /mm	焊丝直径 /mm	焊接电流 /A
1.0	2	1.6	40~70
1.5	2	1.6	50~85
2.0	2	2.0	80~130
3.0	2~3	2.0	120~160

表 11-3-14　铝合金手工钨极氩弧焊的焊接电流

材料厚度 /mm	钨极直径 /mm	焊丝直径 /mm	焊接电流 /A
1.5	2	2	70~80
2	2~3	2	90~120
3	3~4	2	120~130
4	3~4	2.5~3	120~140

2．电弧电压。

电弧电压主要由弧长决定。

3．焊接速度。

焊接速度由焊工根据熔池的大小、形状和焊件熔合情况随时调节，图 11-3-8 为焊接速度对保护效果的影响。

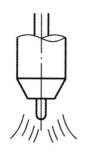  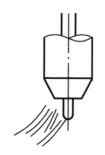

（a）焊炬不动 　（b）速度正常 　（c）速度过快

图 11-3-8　焊接速度对保护效果的影响

4. 焊接电源的种类和极性。

表 11-3-15　焊接电源的种类和极性

材料	直流		交流
	正极性	反极性	
铝及其合金	×	◎	Δ
铜及铜合金	Δ	×	◎
铸铁	Δ	×	◎
低碳钢、低合金钢	Δ	×	◎
高合金钢、镍及镍合金、不锈钢	Δ	×	◎
钛合金	Δ	×	◎

注：Δ—最佳；◎—可用；×—最差。

5. 氩气流量与喷嘴直径。

（1）喷嘴直径可按下列经验公式确定：

$$D=2d+4$$

（2）氩气流量可按下式计算：

$$q_v=（0.8~1.2）D$$

（3）在生产实践中，孔径在 12~20 mm 的喷嘴，最佳氩气流量为 8~16 L/min。常用的喷嘴直径一般取 8~20 mm。

6. 喷嘴与焊件间的距离。

喷嘴与焊件间的距离以 8~14 mm 为宜。

7. 钨极伸出长度。

伸出长度一般为 3~5 mm。

在生产实践中，可通过观察焊接表面色泽，以及是否有气孔来判定氩气保护效果。

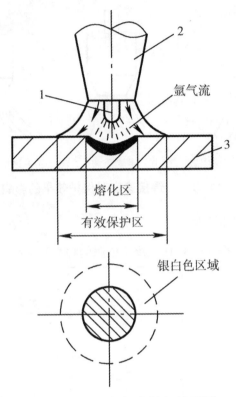

图 11-3-9　氩气有效保护区域

在生产实践中，可通过观察焊接表面色泽，以及是否有气孔来判定氩气保护效果（表 11-3-16、表 11-3-17）。

表 11-3-16　不锈钢件焊缝表面色泽与保护效果的评定

焊缝色泽	银白色、金黄色	蓝色	红灰色	黑灰色
保护效果	最好	良好	较好	差

表 11-3-17　铝及铝合金件焊缝表面色泽与保护效果的评定

焊缝色泽	银白有光泽	白色无光泽	灰白色无光泽	灰黑无光泽
保护效果	最好	较好	差	最差

学习活动 4　焊缝质量检测

◇学习目标◇

1. 能正确检测所有焊缝的表面质量。
2. 能正确分析焊接缺陷产生的原因，并能制定改进措施。
3. 能熟练使用角磨机等修磨工具。
4. 能依据"7S"标准，清理、清扫工作现场，整理工作区域的设备、工具，正确使用焊缝检测量具。

建议学时：4 学时。

◇学习过程◇

一、焊缝质量的检验

1. 查阅资料，简述焊缝缺陷分为哪几类。

2. 查阅资料，说说什么是焊接热裂纹？热裂纹分为哪几类？

3. 说一说防止气孔的方法。

4. 什么是破坏性检验？破坏性检验包括哪几类？

5. 对照不锈钢组合件图纸，选择合适的检测尺，完成组合件焊缝外观质量的测量，填写评分表。

不锈钢结构件外观检查项目及评分标准

明码号		评分员签名			合计分		
检查项目	标准、分数	焊缝等级					实际得分
		I	II	III	IV	V	
电弧擦伤	标准（处）	0	1	2	> 2		
	分数	5	3	2	0		
对接焊缝宽窄差	标准 / mm	≤ 1	> 1，≤ 1.5	> 1.5，≤ 2	> 2		
	分数	5	3	2	0		
咬边	标准 / mm	0	深度 ≤ 0.5 且累计长度 ≤ 10	深度 ≤ 0.5 且累计长度 > 10，≤ 20	深度 > 0.5 或累计长度 > 20		
	分数	5	3	2	0		
表面气孔	标准 / 个	0	1	2	> 2		
	分数	5	3	2	0		
盖面层焊接接头光滑度	标准 / mm	≤ 1	> 1				
	分数	5	0				
所有对接焊缝和转角焊缝的熔透率	标准 /%	100	< 100，> 90	< 90，> 75	< 75，> 50	< 50	
	分数	20	15	10	4	0	
塌陷	标准 / mm	0~2.5	> 2.5 且累计长度 ≤ 10	> 2.5 且累计长度 > 10，≤ 20	累计长度 > 20，或熔深 < 75%		
	分数	6	4	2	0		
根部凹陷	标准 / mm	0	深度 ≤ 0.5 且累计长度 ≤ 10	深度 ≤ 0.5 且累计长度 > 10，≤ 20	深度 > 0.5 或累计长度 > 20，熔深 < 75%		
	分数	6	4	2	0		
余高	标准 / mm	0~1.5	> 1.5 且累计长度 ≤ 10	> 1.5 且累计长度 > 10，≤ 20	> 1.5 或累计长度 > 20		
	分数	6	4	2	0		
烧穿	标准 / mm	0	累计长度 ≤ 10	累计长度 > 10，≤ 20	累计长度 > 20		
	分数	6	4	2	0		

续表

转角焊缝是否焊满	标准／mm	焊满	未焊满累计长度 ≤ 10	未焊满累计长度 > 10，≤ 20	未焊满累计长度 > 20		
	分数	5	3	2	0		
焊脚尺寸	标准／mm	≥ 3，≤ 4	< 3，> 4 且累计长度 ≤ 10	< 3，> 4 且累计长度 > 10，≤ 20	< 3，> 4 且累计长度 > 20		
	分数	6	4	2	0		
错边	标准／mm	0	≤ 0.5	> 0.5，≤ 1.0	> 1.0		
	分数	4	2	1	0		
焊道收尾处是否完成焊接	标准／mm	< 2.0	≥ 2.0				
	分数	5	0				
根部焊道是否污染（烧焦／粘连）	标准／处	0	累计长度 ≤ 5	累计长度 > 5，≤ 10	累计长度 > 10，		
	分数	6	4	2	0		
结构装配是否正确	标准／mm	是	否				
	分数	5	0				

注：1. 焊缝未焊完、焊缝表面或根部经修补、试件做舞弊标记的，该试件作 0 分处理。

　　2. 表面重熔的，该试件为 0 分。

　　3. 焊缝表面有清理痕迹的，该试件外观为 0 分。

分组检测结果：＿＿＿＿＿＿＿＿＿＿＿＿＿＿＿＿＿＿＿＿＿＿＿＿

交叉检测结果：＿＿＿＿＿＿＿＿＿＿＿＿＿＿＿＿＿＿＿＿＿＿＿＿

对不合格焊缝的处理：＿＿＿＿＿＿＿＿＿＿＿＿＿＿＿＿＿＿＿＿

二、对设备、工具、工作环境进行整理

能依据"7S"标准，清理、清扫工作现场，整理、保养工作区域的设备、工具，正确使用量具检测焊缝。

学习活动 5　总结与评价

◇学习目标◇

1. 能按分组情况，分别派代表展示工作成果，说明本次任务的完成情况，并做分析总结。

2. 能结合自身任务完成情况，正确规范撰写工作总结。

3. 能针对本次任务中出现的问题提出改进措施。

4. 能对学习与工作进行反思总结，并能与他人开展良好合作，进行有效的沟通。

5. 通过对整个工作过程的叙述，培养良好的沟通表达能力。

6. 能反思工作过程中存在的不足，为今后的工作积累经验。

建议学时：3 学时。

◇学习过程◇

采用自我评价、小组评价、教师评价三种结合的发展性评价体系。

一、展示评价

把个人制作好的组合件先进行分组展示，再由小组推荐代表做必要的介绍。在展示过程中，以组为单位进行评价；评价完成后，根据其它组成员对本组展示的成果的评价意见进行归纳总结。完成如下项目。

1. 展示的产品符合技术标准吗？

合格□　　　　不良□　　　　　　返修□　　　　　　报废□

2. 与其它组相比，你认为本小组的产品工艺怎么样？

工艺优化□　　工艺合理□　　　　工艺一般□

3. 本小组介绍成果表达是否清晰？

很好□　　　　一般，常补充□　　不清晰□

4. 本小组演示产品检测方法操作正确吗？

正确□　　　　部分正确□　　　　不正确□

5. 本小组演示操作时遵循了"7S"的工作要求吗？

符合工作要求□　　　忽略了部分要求□　　　完全没有遵循□

6. 本小组的成员团队创新精神如何？

良好□　　　　　　　一般□　　　　　　　不足□

7. 总结这次任务中该组是否达到了学习目标？对本小组的建议是什么？你给予本小组的评分是多少？

自评小结：

_____

_____

_____

_____

二、评价

各个小组可以通过不同的形式展示本组学员对本学习活动的理解，本人完成"自我评价"，本组组长完成"小组评价"内容；课余时间教师完成"教师评价"内容。

评价表

序号	项目	自我评价 / 分			小组评价 / 分			教师评价 / 分		
		8~10	6~7	1~5	8~10	6~7	1~5	8~10	6~7	1~5
1	学习兴趣									
2	遵守纪律									
3	现场环境准备情况									
4	切割工艺									
5	所用工具的正确使用与维护保养									
6	焊接规程符合规范									
7	安全操作规范									
8	协作精神									
9	查阅资料的能力									
10	工作效率与工作质量									
	总评									

三、对展示的作品分别作评价

1. 找出各组的优点点评。

2. 展示过程中各组的缺点点评，改进方法。

3. 整个任务完成中出现的亮点和不足。

4. 教师评价重点是安全操作的评价。

四、不锈钢组合件的焊接工作总结

1. 通过不锈钢组合件焊接成果展示，结合自身和同学的工作过程进行分析总结，并找出工作过程中存在的问题。请填写表 11-5-1。用张贴的方式每组派一位学生进行讲述，其他组点评，最后教师点评。

表 11-5-1　不锈钢组合件焊接过程总体评价表

内容名称	做得好的方面	存在问题及分析	解决方法	备注
确定工作任务				
工作准备				
装配				
焊接				
检验				
学生/小组心得体会总结				

2. 结合你完成任务的情况，撰写一份不少于 300 字的工作总结。

参考文献

［1］王长忠.焊工工艺与技能训练［M］.北京：中国劳动社会保障出版社，2014.

［2］张士相.焊工（初级、中级、高级技能）［M］.北京：中国劳动社会保障出版社，2013.

［3］张依丽.焊接实训［M］.北京：机械工业出版社，2011.

［4］张麦秋.焊接检验［M］.北京：化工工业出版社，2008.

［5］高卫明.焊接工艺［M］.北京：北京航空航天大学出版社，2011.

［6］刘强，王鹃.焊接质量控制与检测［M］.北京：化学工业出版社．2007.